Vergleichungen

der

gegenwärtig und vormals

in den königlich preußischen Staaten

eingeführten

Maaße und Gewichte,

mit Rücksicht

auf

die vorzüglichsten Maaße und Gewichte in Europa.

Von

J. A. Eytelwein.

Königl. Geheimen Oberbaurathe, Director der Oberbaudeputation, ordentlichem Mitgliede der Akademie der Wissenschaften und der Akademie der Künste und deren Senats zu Berlin, der Gesellschaft der Experimentalphilosophie zu Rotterdam, des Nationalinstituts zu Amsterdam, der Gesellschaft der Wissenschaften und Künste zu Frankfurth an der Oder, der ostpreuß. physikalisch-ökonomischen Gesellschaft, der ökonomischen Societät zu Leipzig, und der ökonomischen Gesellschaft zu Potsdam Mitgliede.

Zweite vermehrte Auflage.

Berlin, 1810.

In der Realschulbuchhandlung.

Vorrede
zur
ersten Auflage.

Eine auf höhere Veranlassung vorgenommene Untersuchung des hiesigen Scheffel- und Quartmaaßes nöthigte mich, zugleich einige andere bei uns eingeführte Maaße und Gewichte zu untersuchen, und mit solchen zu vergleichen, über deren Größe keine Zweifel statt finden. Die Verschiedenheit in den Angaben über die bei uns gebräuchlichen Maaße und Gewichte hat schon zu bedeutenden Streitigkeiten Veranlassung gegeben; und weil hierin selbst unter mehreren Schriftstellern noch Abweichungen in den Angaben herrschen, so schien mir die Bekanntmachung der hier gegebenen Uebersicht von einigem Nutzen zu seyn. Bei der Bestimmung des Längenmaaßes ist der pariser Fuß (pied de roi), und bei den Gewichten, der in den meisten deutschen Münzen gebräuchliche cölnische Richtpfennig zum Grunde gelegt worden, obgleich zur leichtern Verwandlung, auch auf einige der vorzüglichsten auswärtigen sowohl, als auf das neue republikanische Maaß und Gewicht Rücksicht genommen ist. Um die Verwandlung dieser Maaße noch mehr zu erleichtern, sind besonders berechnete Tafeln beigefügt, und zu deren Gebrauch eine kurze Anweisung gegeben worden.

Bei Vergleichung ausländischer Maaße und Gewichte, hat man sich so viel wie möglich bemühet, aus den besten Quellen zu schöpfen, so schwer auch zuweilen die Wahl derselben gewesen ist.

Gegenwärtig sind zwar bei uns allgemein, etwa Schlesien und Südpreußen ausgenommen, die berliner Maaße und Gewichte eingeführt, und daher können auch nur diese vorzüglich in Erwägung gezogen werden; weil aber die vormals gebräuchlichen gewisse Beziehungen auf die jetzigen haben, so sind solche an ihrem Orte beiläufig angeführt.

Da die richtige Bestimmung des Maaßes und Gewichts vorzüglich für den Baumeister von großem Nutzen ist, so ist besonders für diesen noch die sechste Tafel beigefügt worden, welche das Gewicht verschiedener beim Bauwesen vorkommender Körper enthält *).

Eine Münzvergleichung hätte zwar noch leicht angehängt werden können, sie wird aber um so entbehrlicher seyn, da des Herrn Prof. Fischer schätzbare Tabellen zur Vergleichung der vornehmsten Münzen in

*) Diese Tafel ist bei der zweiten Auflage weggeblieben, weil solche im Handbuch der Statik, 1. Bd. Berlin 1808. S. 89. u. f., vollständiger abgedruckt ist.

Europa, (Berlin 1787, bei Fr. Maurer) bekannt genug sind.

Berichtigungen, wodurch die hier aufgestellten Vergleichungen noch näher bestimmt werden, oder Zusätze und Erweiterungen in Bezug auf die vormals gebräuchlichen Maaße und Gewichte, werden dem Verfasser um so mehr willkommen seyn, da es hier vorzüglich auf Ausmittelung der Wahrheit ankömmt; und wenn dabei besonders die Freunde des Vaterlandes interessirt sind, so glaubt er an diese keine Fehlbitte zu thun, wenn er sie um Beiträge zur Geschichte unserer Maaße und Gewichte ersucht.

Berlin, im Jänner 1798.

Vorrede
zur
zweiten Auflage.

Die Vergleichung der ersten Auflage mit dieser, wird die Sorgfalt nicht unbemerkt lassen, welche darauf verwandt ist, dieser kleinen Schrift, in Absicht der Maaße und Gewichte unsers Landes, und in Beziehung auf die vorzüglichsten Maaße und Gewichte anderer Länder, diejenige Vollständigkeit zu geben, und die Angaben so weit zu begründen, als es die Umstände bei dergleichen Untersuchungen verstatten wollten. Bei der ersten Auflage bezogen sich die Vergleichungen mit dem neuen französischen Maaße und Gewichte, auf den damals festgesetzten Mètre provisoire; späterhin hat dieses Maaß durch den Mètre définitif eine festere Bestimmung erhalten, und es war nothwendig, alle Angaben der ersten Auflage danach umzuarbeiten. Diese Abänderungen sowohl, als die Zusätze und Verbesserungen einzelner Angaben, welche bisher nicht hinlänglich berichtigt waren, werden sich bei der nähern Ansicht leicht auffinden lassen.

Berlin, im Jänner 1810.

E.

Inhaltsverzeichniß.

Erster Abschnitt.

Vergleichung der Längenmaaße.

Eingeführtes Längenmaaß in den königlich preußischen Staaten. . . . . §. 1.
Mangel eines ganz allgemeinen Maaßes. . . . . — 2.
Verschiedene Angaben der Größe des leydener oder rheinländischen Fußes. . . . . — 3.
Brandenburgischer Fuß. Größe desselben. . . . . . . — 4.
Zwölftheiliger oder Werkfuß. Zehntheiliger oder Feldfuß. — 5.
Eintheilung des brandenburgischen Längenmaaßes. . . . — 6.
Vormalige Längenmaaße in der Neumark. . . . . . — 7.
Vormalige Längenmaaße in Pommern. . . . . — 8.
Vormalige Längenmaaße in Preußen, nebst den noch üblichen in Danzig, Pohlen und Lithauen. . . . . . . — 9.
Längenmaaß in Schlesien und der Grafschaft Glatz. . . — 10.
Längenmaaß im Eichsfelde, in Mühlhausen und Nordhausen. . . . . — 11.
Längenmaaß in der Grafschaft Mark. Cölnisches, amsterdammer, kalenberger und ostfrießisches. . . . . . . — 12.
Längenmaaß in Anspach. . . . . — 13.
Französisches Längenmaaß. Mètre définitif. . . . . — 14.
Vergleichung einiger der vorzüglichsten Ruthen im Fußmaaße. . . . . §. 15. — 16.
Berliner Elle. . . . . — 17.
Vormalige Elle in der Neumark. . . . . — 18.
Gebräuchliche Ellen im Eichsfelde, in Mühlhausen u. Nordhausen. . . . . — 19.
Gebräuchliche Ellen in Ostfrießland. . . . . — 20.
Gebräuchliche Ellen in Anspach. . . . . — 21.
in Pohlen. . . . . — 22.
Vergleichung einiger der vorzüglichsten Ellen. . . §. 23. — 24.
Bergmännisches Maaß. Vergleichung der Lachter. . . . — 25.
Deutsche oder geographische und brandenburgische Meile. . — 26.

Zweiter Abschnitt.

Vergleichung der Flächenmaaße.

Eingeführtes brandenburgisches Flächenmaaß. . . . . . §. 27.
Hufen, Morgen . . . . — 28.
Vormaliges kurmärkisches Feldmaaß. . . . . — 29.
Vormaliges neumärkisches Feldmaaß. . . . . — 30.
Vormaliges pommersches Feldmaaß. . . . . — 31.
Vormaliges preußisches, nebst dem danziger, polnischen und lithauenschen Feldmaaße. . . . . — 32.
Feldmaaß in Schlesien. . . . . — 33.
Feldmaaß im Eichsfelde, in Mühlhausen und Nordhausen. — 34.
Cölnisches Feldmaaß. . . . . — 35.
Holländisches Feldmaaß. . . . . — 36.
Kalenberger Feldmaaß. . . . . — 37.
Ostfrießländisches Feldmaaß. . . . . — 38.
Anspacher Feldmaaß. . . . . — 39.
Französisches Flächenmaaß. . . . . — 40.
Vergleichung einiger Flächenmaaße. . . . . — 41.

Dritter Abschnitt.

Vergleichung der Körpermaaße.

Brandenburgisches Körpermaaß. . . . . §. 42.
Französisches Körpermaaß. . . . . — 43.
Berliner Scheffel. . . . . — 44.
Bestimmung des Inhalts eines Gemäßes. . . . . . . — 45.
Gewicht des destillirten Wassers. . . . . §. 46. — 47.
Größe des berliner Scheffels. . . . . — 48.
Abmessungen desselben. . . . . — 49.
Eintheilung des eingeführten Getreidemaaßes. . . . . — 50.
Alte Scheffel in der Kurmark. . . . . — 51.
Alte Scheffel in der Neumark. . . . . — 52.
Alte Scheffel in Pommern. . . . . — 53.
Alte Scheffel in Preußen nebst den noch üblichen in Thorn, Danzig, Pohlen und Lithauen. . . . . — 54.
Breslauer Scheffel nebst den vormals in Schlesien üblichen Scheffeln. . . . . — 55.
Scheffel im Eichsfelde. . . . . — 56.
Scheffel im Fürstenthum Minden und der Grafschaft Ravensberg. . . . . — 57.
Scheffel im Fürstenthum Paderborn. . . . . — 58.
Scheffel im Herzogthum Cleve und der Grafschaft Mark. — 59.
Scheffel im Fürstenthum Ostfrießland. . . . . . . — 60.
Scheffel im Fürstenthum Anspach. . . . . — 61.
Scheffel im Fürstenthum Bayreuth. . . . . — 62.

Nürnberger Getreidemaaß. . . . . §. 63.
Amsterdammer Schiffel. . . . . — 64.
Vergleichung verschiedener Getreidemaaße. . . . . . . — 65.
Berliner Quart. . . . . — 66.
Abmessungen desselben. . . . . — 67.
Eintheilung des berliner Wein- und Biermaaßes. . . . — 68.
Vormalige Flüssigkeitsgemäße in der Neumark. . . . . — 69.
Culmischer Stof. Polnisches und lithauensches Flüssigkeitsmaaß. . . . . — 70.
Schlesische Flüssigkeitsmaaße. . . . . — 71.
Flüssigkeitsmaaße im Eichsfelde . . . . — 72.
Flüssigkeitsmaaße in der Grafschaft Mark. . . . . . — 73.
Flüssigkeitsmaaße im Fürstenthum Anspach. . . . . . — 74.
Flüssigkeitsmaaße in Nürnberg. . . . . — 75.
Vergleichung einiger Flüssigkeitsmaaße. . . . . . . — 76.
Noch verschiedene andere Gemäße. . . . . — 77.

Vierter Abschnitt.

Vergleichung der Gewichte.

Hauptgewichte in den königlichen Staaten. . . . . . . §. 78.
Eintheilung des berliner Münzgewichts. . . . . — 79.
Handelsgewichts. . . . . . . — 80.
Medizinalgewichts. . . . . . . — 81.
Juweleugewichts. . . . . . . — 82.
Altes Gewicht in der Neumark . . . . — 83.
Altes stettiner und preußisches Pfund. . . . . — 84.
Breslauer Pfund. . . . . — 85.
Polnische und lithauensche Gewichte. . . . . — 86.
Gewichte im Eichsfelde. . . . . — 87.
in Ostfriesland. . . . . — 88.
in Anspach und Nürnberg. . . . . . . — 89.
Neue und alte französische Gewichte. . . . . — 90.
Cölnisches Markgewicht. . . . . — 91.
Holländisches Markgewicht. . . . . — 92.
Englische Gewichte. . . . . — 93.
Vergleichung der berliner Gewichte. . . . . — 94.
Vergleichung einiger Gewichte nach Grammen, berliner oder cölnischen Richtpfennigen, und nach Assen des holländischen Troygewichts. . . . . — 95.
Sehr nahe Vergleichung mehrerer Gewichte in ganzen Zahlen. . . . . — 96.

Anweisung wie, mittelst der angehängten Tafeln, verschiedene Maaße und Gewichte in einander zu verwandeln sind. S. 131.

I. Tafel. Vergleichung des brandenburgischen Fußmaaßes mit dem alten und neuen französischen Maaße. S. 135.
II. Tafel. Vergleichung der berliner, cölnischen und Medizinalpfunde, mit dem alten und neuen französischen Gewichte. . . . . — 138.
III. Tafel. Vergleichung der Grammen, pariser Grane, Richtpfennige, holländischen Asse und englischen Troygrane unter einander. . . . . — 140.
IV. Tafel. Gewicht des destillirten Wassers im luftleeren Raume, bei verschiedenen Temperaturen des Reaumürschen Quecksilberthermometers. . . . — 142.
V. Tafel. Gewicht des dichtesten destillirten Wassers im luftleeren Raume. . . . . — 143.
VI. Tafel. Gewicht des destillirten Wassers im luftleeren Raume, bei einer Temperatur von 14 Grad des Reaumürschen Quecksilberthermometers . . . — 144.
VII. Tafel. Welche die Vielfache von dem Inhalte der berliner Hohlmaaße enthält. . . . . — 145.

Verzeichniß der abgekürzt angeführten Schriften. . . S. 146.

Zusatz zu §. 55.

Der Bergscheffel in Schlesien, nach welchem die Steinkohlen ausgemessen werden, hält 6277½ breslauer Kubikzoll. Die im gestrichenen Scheffel enthaltenen Steinkohlen wiegen im Durchschnitt 1⅓ breslauer Centner.

Erster

Erster Abschnitt.
Vergleichung der Längenmaaße.

§. 1.

So weit die ältesten Nachrichten reichen, ist das in der Kurmark Brandenburg eingeführte Längenmaaß das rheinländische gewesen, und in neuern Zeiten hat man dasselbe auch auf alle übrige königliche Staaten, Schlesien allein ausgenommen, ausgedehnt, wenn gleich in den entferntern Provinzen auch noch die Provinzialmaaße sich neben dem rheinländischen zum Theil erhalten hatten. Dieses rheinländische Maaß ist jetzt in sämmtlichen königlichen Staaten, Schlesien ausgenommen, bei allen Gewerben, beim Feldmessen, Bauwesen, bei der Artillerie, Fortifikation u. s. w. eingeführt, und nur diejenigen Längenmessungen machen davon eine Ausnahme, bei welchen man sich der Elle oder des Lachters bedient.

In dem Reglement, wie es mit Ausmessung der Aecker zu halten, vom 19. Februar 1704, wird schon angeführt, daß künftighin kein selbstbeliebiges Maaß mehr statt finden soll, weshalb die rheinländische Ruthe zu den Ausmessungen festgesetzt wird. Dasselbe geschiehet im kurmärkischen Feldmesser-Reglement vom Jahr 1724 und in mehrern folgenden; allein in keinem derselben ist die Größe der rheinländischen Ruthe nach irgend einem bekannten Maaße angegeben, und eben so wenig wird auf eine vorhandene Normalruthe verwiesen, da doch bekanntlich die rheinländischen Fuße sehr verschieden gefunden, und von einerlei Orten sehr abweichend angegeben werden.

§. 2.

Da sich nun bis jetzt kein allgemeines Längenmaaß in der Natur hat auffinden lassen, die Mannichfaltigkeit in den Naturreichen uns auch keine Hoffnung giebt, ein unveränderliches Längenmaaß anzutreffen, und sowohl durch die Bestimmung der Länge des Sekundenpendels, oder, wie neulich in Frankreich, durch Ausmessung von einem Theil eines bestimmten Erdquadranten, zwar für eine gewisse Gegend ein natürliches, aber kein allgemeines Maaß erlangt wird, so bleibt zur Bestimmung der Größe des Fußmaaßes eines Landes nichts übrig, als ein vorhandenes Maaß, dessen Erhaltung gesichert ist, zur Einheit anzunehmen und danach die übrigen zu bestimmen.

Der königlich pariser Fuß (pied de roi) schickt sich sowohl wegen seiner Größe, als auch wegen der Genauigkeit, mit welcher er erhalten werden kann, am besten zu dieser Vergleichung; auch sind nach demselben bisher die meisten Fußmaaße bestimmt worden. In Frankreich wird derselbe zwar jetzt durch den neu eingeführten Meter (Mètre) verdrängt, allein da die Bestimmung und Verfertigung des Meters selbst, nach dem alten Fußmaaß (pied de roi) geschehen muß, so wird auch der pariser Fuß noch lange als Einheit zur Bestimmung anderer Längenmaße beibehalten werden.

§. 3.

Was die Bestimmung der Größe des rheinländischen Fußes betrifft, so ist zuerst auszumachen, wo eigentlich dieser Fuß anzutreffen sei. Es giebt mehrere Oerter, von denen behauptet worden, daß sie den eigentlichen rheinländischen Fuß besitzen; größtentheils ist man aber darin übereingekommen, daß derselbe ursprünglich der leydener Fuß ist. Theilt man den pariser Fuß in zwölf Zolle und den Zoll in zwölf Linien, also den ganzen Fuß in 144 gleiche Theile, so sollen nach

Celsius	141, 49 *)	Schw. Abh. 1. B. S. 257.
oder **) . .	139, 129	— — — —
Eisenschmid . . .	139, 13	de Ponder. p 94.
Kruse, der leydensche Fuß	139, 00	Contor. 1. B. S. 430.
der rheinlåndische	139, 13	Contor. 1. B. S. 431.
Lulofs	139, 183	Harlemer Verhandlingen. 3. Decl. 1757.
v. Münchhausen . .	139, 1	Hausvat. 1. Th. S. 589.
Nelkenbrecher . . .	139, 125	Taschenb. 1793. S. 30.
Petit	138, 70	Daviler Dict. p. 188.
Picard	139, 00	Traité du nivellement, übers. v. Naudé. S 174.
nach einer neuern Ausmittelung desselben	139, 20	Uranienburgsche Reiseb.
Snellius und Riccioli	137, 50	Daviler Dict. p 188.
Whitehurst	139, 28	Vers. der Zeitm. S. 45.

solcher Theile genommen werden, um den rheinlåndischen Fuß zu erhalten, welcher der zwölfte Theil von der rheinlåndischen Ruthe ist.

Die Verschiedenheit in den Angaben über die Größe des rheinlåndischen Fußes, und da man sich bei dem Bauen, ungeachtet der Reglements, wodurch der rheinlåndische Fuß eingeführt wurde, dennoch sehr verschiedener Maaßståbe bediente, die alle für den rheinlåndischen Fuß galten, haben im Jahr 1771 das königl. Ober-Bau-Departement veranlaßt, denjenigen rheinlånd. Fuß, welcher nach den eigenen Untersuchungen von Eisenschmid (de Ponderibus et Mens. etc. p. 94.) 139, 13 pariser Linien enthålt, als Normalfuß vorzuschlagen, und es ist derselbe auch allgemein in den preußischen Staaten,

*) Ziffern hinter einem Komma bedeuten allemal Brüche, die man zehntheilige oder Dezimalbrüche nennt. Steht eine Ziffer hinter dem Komma, so bedeutet solche Zehentheile; zwei Ziffern, Hunderttheile; drei Ziffern, Tausendtheile u. s. w. des Ganzen. So ist 141, 49 so viel als $141\frac{49}{100}$; 0, 129 so viel als $\frac{129}{1000}$; 0, 7 so viel als $\frac{7}{10}$ u. s. w.

**) Wenn man nåmlich den sehr wahrscheinlichen Druckfehler, im ersten Bande von den Abhandlungen der schwedischen Akademie, Seite 257. verbessert, und 1057 statt 1075 setzt.

Schlesien ausgenommen, durch einen Direktorialbefehl vom 28. October 1773 eingeführt worden. Von dem zu diesem Endzweck von der pariser Akademie erbetenen genauen Maaßstabe, sind für das königl. Ober-Bau-Departement und für die königliche Akademie der Wissenschaften, unter Aufsicht des verstorbenen Oberbauraths und Professors Lambert, zwei Normalmaaßstäbe verfertiget worden, an deren genauen Uebereinstimmung wohl kaum zu zweifeln war, die aber demungeachtet, bei Gelegenheit der Ausmessung des berlinischen Scheffels, von mir mit einander auf das genauste verglichen und übereinstimmend gefunden worden.

Von diesem rheinländischen Fuße sind 6 bis 12 Fuß lange, theils eiserne, theils hölzerne, letztere an beiden Enden mit Messing beschlagene Normalmaaßstäbe, sämmtlichen königl. Kriegs- und Domänenkammern und mehrern Magisträten zugefertigt worden; es wäre aber zu wünschen, daß statt der hölzernen, durchaus eiserne Normalmaaßstäbe eingeführt und auf den Fluren der Rathhäuser, in den vorzüglichsten Städten befestiget würden, damit hienach der Baumeister, Künstler, Handwerker ꝛc. seinen Maaßstab prüfen kann.

Auch giebt die Benennung rheinländischer Fuß noch zu mancher Zweideutigkeit Gelegenheit, weil mehrere Gewerksleute, welche in der Fremde einen sogenannten rheinländischen Fuß erhalten haben, durch die gleiche Benennung getäuscht, denselben ohne weitere Prüfung gebrauchen, da doch öfters eine merkliche Differenz zwischen diesem und dem bei uns eingeführten statt findet. Hiezu kommt noch, daß man für die eigentliche Größe des rheinländischen Fußes nicht 139,^{13}, sondern nach der Ludolfschen sehr genauen Ausmittelung, 139,^{835} pariser Linien anzunehmen berechtigt ist, wodurch also die Benennung rheinländischer Fuß für den bei uns eingeführten Normalfuß zweckwidrig wird. Diesen Zweideutigkeiten zu begegnen, ist von mir bei der ersten Ausgabe (1798) die Benennung brandenburger Fuß vorgeschlagen worden *), und da solche zum Theil bisher Eingang gefunden hat, so wird diese Benennung zur Vermeidung aller Verwirrung beibehalten werden. Uebrigens ist noch zu bemerken, daß man in Dänemark ebenfalls den nach Eisenschmid angegebenen rheinländischen Fuß als Normalfuß eingeführt hat, so daß dieser mit unserm brandenburgischen Normalfuße genau übereinstimmt.

§. 4.

Die vorhin angegebene Größe des brandenburgischen Fußes, nach welcher 13913 pariser Fuß eben so groß als 14400 brandenburgische sind, giebt zur Länge der brandenburgischen Ruthe 1669,56 pariser Linien oder 11 Fuß 7 Zoll $1\frac{14}{25}$ Linien.

Wenn nicht die größte Genauigkeit erfordert wird, so kann man 57 pariser mit 59 brandenburgischen Fußen vergleichen.

Die brandenburgische Ruthe wird bei uns nach dem verschiedenen Gebrauche, in zwölf oder zehn gleiche Theile getheilt. Der bis jetzt beschriebene Fuß oder der zwölfte Theil einer Ruthe, heißt der **Werk- oder Bau**fuß, und wird beim Bauen, bei den Gewerken und bei der königl. Artillerie gebraucht. Dahingegen, wenn die rheinländische Ruthe in zehn Theile getheilt wird, so ist ein solcher zehnter Theil der Ruthe, ein **Feldfuß**, wonach die Größe aller Ländereien bestimmt wird. Die Länge dieses Feldfußes beträgt daher 166,956 pariser Linien, oder 1 Fuß 1 Zoll $10\frac{239}{250}$ Linien, das heißt, 12000 brandenburgische Feldfuß sind eben so groß als 13913 pariser, oder wenn nicht die größte Genauigkeit erfordert wird, so vergleichen sich 69 brandenburgische Feldfuß mit 80 pariser Fuß.

Man pflegt auch den Werk- oder Baufuß den zwölftheiligen oder Duodezimal-Fuß, und den Feldfuß den

---

*) Die Benennung berliner oder preußische Fuß, ist deshalb nicht gewählt worden, weil daraus ähnliche Zweideutigkeiten entstehen könnten.

zehntheiligen, Dezimal- oder geometrischen Fuß zu nennen.

§. 5.

Der Werkfuß wird wieder in 12 gleiche Theile oder Zolle, der Zoll in 12 Linien, und die Linie in 12 Skrupel getheilt. Nur bei dem Artilleriemaaßstabe findet eine Ausnahme statt, wo zwar der Fuß in 12 Zoll, der Zoll aber in 10 Linien, und die Linie in 10 Skrupel getheilt wird.

Der Feldfuß wird in 10 Zoll, der Zoll in 10 Linien, und die Linie in 10 Skrupel getheilt.

Hieraus sieht man, daß zwar der Werkfuß vom Feldfuße verschieden ist, die brandenburgische Ruthe aber, nach welcher beide bestimmt werden, bleibt von einerlei Größe, nur ihre Unterabtheilungen ändern sich.

Noch ist zu bemerken, daß wenn von brandenburgischen Fußen ohne weitern Beisatz die Rede ist, allemal Werk- oder zwölftheilige Fuße verstanden werden. Man pflegt zur Abkürzung, die Ruthen durch $^{\circ}$, die Fuße durch $'$, die Zolle durch $''$ u. s. w. zu bezeichnen, auch wird das zwölftheilige Maaß durch d d c, und das zehntheilige durch d c bemerkt, so daß z. B.

$127^{\circ}\ 9'\ 8''\ 4'''\ 5''''$ brdb. Werk- oder d d c Maaß

so viel heißt, als 127 Ruthen, 9 Fuß, 8 Zoll, 4 Linien, 5 Skrupel brandenburgisches Werk- oder zwölftheiliges Långenmaaß.

Nachstehende Tafeln dienen zur Uebersicht der Unterabtheilungen dieser Maaße.

Brandenb. Werk- oder zwölftheiliges Långenmaaß.

Ruthen.	Fuße.	Zolle.	Linien.	Skrupel.
1	12	144	1728	20736
	1	12	144	1728
		1	12	144
			1	12

Brandenb. Feld- oder zehntheiliges Längenmaaß.

Ruthen.	Fuße.	Zolle.	Linien.	Skrupel.
1	10	100	1000	10000
	1	10	100	1000
		1	10	100
			1	10

Aus dem Vorstehenden ergiebt sich, daß

10 brd. Feldfuß = *) 12 brd. Werkfuß,
100 - Feldzoll = 144 - Werkzoll,
1000 - Feldlinien = 1728 - Werklinien, und
10000 - Feldskrupel = 20736 - Werkskrupel sind.

Noch theilt man die Ruthe in zwei Klafter, obgleich diese Benennung nur selten vorkommt.

§. 6.

Von dem vormaligen berliner Fuß, welcher 137,8 pariser Linien groß seyn soll, und der nur noch in manchen Tafeln der Vollständigkeit wegen aufgeführt wird, findet man keine Spuren mehr, weshalb derselbe sehr wohl übergangen werden kann.

§. 7.

In der Neumark kommen noch zuweilen dreierlei Ruthen vor, obgleich gegenwärtig alle Ausmessungen mit der rheinländischen Ruthe verrichtet werden. Die noch vorkommenden alten Karten und Vermessungsregister machen die Kenntniß derselben nothwendig.

1. Die soldinsche Ruthe, welche 14 Fuß und 1 Zoll brandenburgisches Werkmaaß groß ist.
2. Die alte cüstrinsche Kammerruthe enthält 15 Fuß 3 Zoll brandenburgisches Werkmaaß.
3. Die große neumärksche Landruthe, welche 16 brandenburgische Werkfuß groß ist.

---

*) Zwei Striche übereinander oder = ist das Zeichen der Gleichheit; z. B. 2 Rthlr. = 48 Gr.

§. 8.

Durch mehrere genaue Ausmittelungen bei Grenzregulirungen in Vorpommern, und mit Vergleichung der noch vorhandenen schwedischen Karten, ist nunmehr genau ausgemittelt, daß die pommersche Matrikularruthe, so wie solche in den alten schwedischen Vermessungskarten vorkommt, genau 14 Fuß $10\frac{2}{3}$ Zoll brandenburgisch Werkmaaß, oder 1 Ruthe 2 Fuß $4\frac{2}{27}$ Zoll brandenburgisches Feldmaaß gleich ist. Die pommersche Ruthe hält 16 dergleichen Fuß, und jeder Fuß 12 Zoll; dies giebt für die Größe des pommerschen oder stettiner Fußes genau $11\frac{1}{6}$ brandenburger Werkzoll, oder $129\frac{8}{17}$ pariser Linien.

Es vergleichen sich hienach:

54 pommersche Ruthen mit 67 brandenburgischen.

Nach Kruse (Contor. 1. Bd. S. 355.) soll der vormalige pommersche oder stettiner Fuß 125,3 und nach Gerhard (Contor. 1. Th. S. 365.) 127,5 pariser Linien groß seyn.

§. 9.

Die außer dem brandenburgischen Längenmaaße vormals in Preußen üblichen und theils noch vorkommenden Maaße sind folgende:

1. Die alt-culmische, polnisch-preußische oder west-preußische Ruthe, welche noch von den Rittern des deutschen Ordens in Preußen herrührt, ist nach der Festsetzung auf dem General-Capitul zu Engelsburg, im Jahr 1307, dergestalt bestimmt worden, daß solche $7\frac{1}{2}$ culmische Ellen groß seyn soll. Zur richtigen Beurtheilung der Größe dieser Ruthe, muß daher die Größe einer culmischen Elle genau ausgemittelt werden, und weil an der Morgenseite der großen Pfarr- oder Marienkirche in Culm, diese Elle durch zwei eingemauerte wohl befestigte eiserne Stifte bemerkt ist, so habe ich die innere oder lichte Entfernung dieser Stifte im Jahr 1799 mit aller Sorgfalt ausgemessen, und solche nach einem genauen pariser Maaßstabe 21,28 pariser Zoll,

und nach einem eben so genau gearbeiteten brandenburgischen Maaßstabe 22,03 brandenburgische Zoll groß gefunden.

Genau eben so groß fand ich, am südlichen Eingange des Rathhauses in Thorn, die daselbst an einer Kette befestigte eiserne culmische Elle, welche auch nach meiner Ausmessung mit der eisernen Probeelle, die sich in der Kämmereistube des Rathhauses befindet und mit dem Stadtwappen versehen ist, übereinstimmt.

Hienach hält die culmische Elle	1,8358	brdb. Fuß.
Nach Wilhelm (de mens. reg. boruss. §. 8.)	1,8366	= =
Suchodolez (Gegr. Nachricht 2c. §. 13.)	1,8360	= =
Hube (Landwirth, 2. Bd. S. 138.)	1,8361	= =

Es ergibt sich hieraus, daß die culmische Elle mit Sicherheit = 1,836 brandenb. Fuß oder 255,44 pariser Linien groß angenommen werden kann, welches auch sehr gut mit dem in Preußen üblichen Satz stimmt, daß sich 100 berlinische Ellen mit 116 culmischen vergleichen. Nun hält nach der angeführten Festsetzung die altculmsche Ruthe $7\frac{1}{2}$ dergleichen Ellen, daher findet man für die Länge einer altculmischen Ruthe $7\frac{1}{2} \times 1,836 = 13,77$ brandenburgische Werkfuß, welches mit den Suchodolezschen Angaben übereinstimmt. Wenn aber Suchodolez (a. a. O. §. 14.) versichert, er habe die an der Marienkirche in Culm durch Stifte oder Pinnen bemerkte Ruthe gemessen, und solche 13,77 brandenburgische Fuß groß gefunden, so muß ich dieser Angabe in so fern widersprechen, als ich zu verschiedenen Zeiten im Jahr 1799 mit äußerst genauen Werkzeugen und einem richtigen rheinländischen Fußmaaße, die Entfernung der eisernen Stifte im Lichten gemessen, und solche 13 Fuß 11,57 Zoll = 13,964 Fuß voneinander abstehend fand. Dies weicht von der Suchodolezschen Angabe über 2 Zoll ab, und da sich in keinem Falle annehmen läßt, daß die eisernen einen viertel Zoll starke Stifte sollten gebogen seyn, da überdies das Mauerwerk, in welchem sie befestiget sind, mit dem übrigen der Kirche noch sehr gut erhalten ist, so wird es schwer seyn einen zureichenden Grund für diese Abweichung der Suchodolezschen Angabe aufzufinden, wenn man nicht voraussetzt, daß er entweder unrichtig oder gar nicht die angeblich altculmische Ruthe ausgemessen habe. So viel wird indessen wahrscheinlich, daß diese Ruthe nicht die alte, sondern vielmehr die neuculmische ist, mit welcher sie, nach der in Königsberg vorhandenen Normalruthe, weit näher übereinstimmt, und nur $\frac{1}{4}$ Zoll von derselben abweicht. Auf alle Fälle bleibt es aber sehr wichtig zu wissen, daß die an der Marienkirche in Culm bezeichnete Ruthe, mit keiner von den bekannten jetzt noch üblichen culmischen Ruthen übereinstimmt, daß nach ihr kein richtiges Maaß dieser Ruthen festgesetzt werden kann, und daß zur Bestimmung der Größe der altculmischen Ruthe, nur die an eben dieser Kirche befindliche Elle dienen kann.

Nach dem altculmischen Maaße sind mehrere Grundstücke in Neuostpreußen ausgemessen.

Die Eintheilung der altculmischen Längenmaaße ist folgende:

Meile.	Gewende.	Seile.	Ruthen.	Ellen.	Fuße.
1	30	180	1800	13500	27000
	1	6	60	450	900
		1	10	75	150
			1	$7\frac{1}{2}$	15
				1	2

2. **Die neuculmische oder ostpreußisch-culmische Ruthe**, welche nach der Festsetzung des Marggrafs Albrecht Friedrich vom Jahr 1577, zwei Mannsdaumen größer als die altculmische seyn soll, befindet sich

auf der königl. Schloßbibliothek zu Königsberg. Sie bestehet aus einer starken eisernen achtkantigen Stange, welche in dem Bibliotheksaale an eine Kette befestiget ist. Nach meiner sorgfältigen Ausmessung im Jahr 1798 fand ich solche 167,87 rheinländische Zoll groß. Wilhelm, welcher diese Ruthe ebenfalls ausgemessen hatte, fand sie (a. a. O. §. 5.) nur 167,268 rheinländische Zoll lang, dahingegen soll sie nach den Ausmessungen von Suchodolez (a. a. O. §. 15.) 167,82 Zoll groß seyn. Da nun nach dieser letzten Bestimmung alle Vergleichungen der Maaße in Preußen, welche sich auf diese Ruthe beziehen, angestellt sind, so kann auch diese Angabe ohne Nachtheil beibehalten werden.

3. Die oletzkosche Proberuthe, welche sich in der Schloßbibliothek zu Königsberg befindet, hat nach meiner Ausmessung genau die von Suchodolez angegebene Größe. Sie bestehet aus einer starken vierkanntigen eisernen Stange, auf welcher die Worte: Oletzkosche Ruthe, eingegraben sind. Auf der entgegen stehenden Seite sind die Worte: Culmische Ruthe, befindlich, und die Länge dieser Ruthe, welches die neuculmische ist, beträgt nach meiner Ausmessung 167,87 brandenburgische Zoll. Sie stimmt genau mit der an einer Kette befestigten neuculmischen Ruthe überein.

4. Die Deichgräber-Ruthe (Teichgräber-Ruthe) enthält genau 15 brandenburgische Werkfuß. Sie wird zuweilen bei Deich- und Grabenarbeiten gebraucht.

5. In Ostpreußen ist vormals auch ein königsberger Fuß im Gebrauch gewesen, welcher jetzt aber äußerst selten vorkommt. Nach Wilhelm (a. a. O. §. 4.) vergleichen sich genau 51 königsberger Fuß mit 50 rheinländischen, dieses gibt für den königsberger Fuß 136,402 pariser Linien.

6. Der danziger Fuß hält, nach mehrern von mir vorgenommenen Ausmessungen, eine halbe danziger Elle oder 127,175 pariser Linien. Diese Ausmittelung ist mit der hgnovschen Ausmessung von der auf dem danzi-

ger Rathhause befindlichen Musterelle übereinstimmend, von welcher Hanov eine halbe Elle 127,15 bis 127,2 pariser Linien lang fand. (Vergleichung der danziger Maaße und Gewichte; im ersten Theil der Abhandlungen der naturforschenden Gesellschaft in Danzig, S. 92.) Die danziger Ruthe hält 15 dergleichen Fuß oder $7\frac{1}{2}$ dergleichen Ellen.

Es vergleichen sich beinahe

35 danziger Fuß mit 32 brandenburgischen.

7. Das kronpolnische Längenmaaß, dessen Kenntniß für Preußen eben so nothwendig ist, als die culmischen Maaße, gründet sich auf die Größe der warschauer Elle. Unter König Sigismund August wurde auf dem Reichstage im Jahr 1565 beschlossen, in der ganzen Krone Polen einerlei Maaße und Gewichte einzuführen, welches aber größtentheils unterblieb. Dagegen wurden unter König Stanislaus August alle alte Verordnungen abgeschafft, und für die Krone Polen (das Großherzogthum Lithauen ausgenommen) einerlei Maaß und Gewicht festgesetzt. Nach der Reichstags-Constitution vom Jahr 1764, wegen Anordnung eines allgemeinen Maaßes, hat die Schatzcommission bestimmt, daß die damalige warschauer Elle (Łokieć) 24 Zoll (Calów) enthalten soll, ohne das alte Ruthenmaaß in Absicht der Hufen zu berühren. Jede warschauer Elle enthält zwei warschauer oder polnische Fuß, und nach mehrern Ausmittelungen ist die Länge eines polnischen Fußes genau = 132 pariser Linien, also einer Elle = 264 dergleichen Linien.

Nach C. Siemienowicz (olim Artill. Reg. Pol. Propraefecti) Artis magna Artilleriae P. I. p. 54. soll sich der polnische Fuß zum rheinländischen wie 950 zu 1000 verhalten; dies gibt für die warschauer Elle 264,3 pariser Linien. Hr. Hube (Landw. 2. Bd. S. 150.) gibt für die Länge einer warschauer Elle 263,3 pariser Linien, welche sich auf die Ausmessung einer gestempelten Elle gründet. Nach L'Huilier Arytmetika dlá szkół narodowych, w Krakowie. 1785. pag. 207. wird die Größe der warschauer Elle einmal zu 261,7 und dann zu 264 pariser Linien angegeben, wovon unstreitig die letztere Bestimmung die richtige ist.

Nachstehende Tafel enthält die

Eintheilung des polnischen oder warschauer Längenmaaßes.

Schnur. Sznur.	Ruthen. Prętów.	Klafter. Saźni.	Ellen. Łokci.	Fuße. Stopy.	Zolle. Calów.	Linien. Liniów.	Skrupel Punkty.
1	10	25	75	150	1800	21600	259200
	1	2½	7½	15	180	2160	25920
		1	3	6	72	864	10368
			1	2	24	288	3456
				1	12	144	1728
					1	12	144
						1	12

Es ist daher ein polnischer oder warschauer Fuß (Stopa) = 11,385 brandenburgische Zoll, und eine polnische Ruthe (Pręt) = 14,23125 rheinländische Fuß = 1,1859375 brandenburgische Ruthen. Es vergleichen sich beinahe

43 warschauer Ruthen mit 51 brandenburgische.

8. Im Großherzogthum Lithauen ist die willnaer oder lithauensche Elle als allgemeine Einheit des Längenmaaßes im Gebrauche, und in einem beträchtlichen Theile vom vormaligen Neuostpreußen ist die Größe der Grundstücke danach bestimmt. Auf Befehl des Königs Stanislaus August wurde ihre Länge auf zwei pariser Fuß vom pied de roi festgesetzt, und durch die Professoren der Universität Wilna, und besonders den Hrn. Professor Poczobut nach einem Etalon von Canivet die Größe der Lithauischen Elle angegeben, wo-

nach die Schatzcommission im Jahr 1764 die übrigen lithauenschen Gemäße bestimmte, wie sie in der Constitution vom Jahr 1766 enthalten sind, welche zugleich die Elle (Łokieć) auf 24 Zolle (Calów) festsetzt.

Hienach hält die lithauensche Elle 288 pariser Linien, und die Hälfte derselben oder ein lithauenscher Fuß 144 dergleichen Linien, welches auch mit der Größe mehrerer noch vorhandener Normalellen übereinstimmt.

Eintheilung des lithauenschen Längenmaaßes.

Schnur oder Kette. Sznur.	Ruthen. Prętów.	Ellen. Łokci.	Fuße. Stopy.	Zolle. Calów.
1	10	75	150	1800
	1	$7\frac{1}{2}$	15	180
		1	2	24
			1	12

Außerdem theilte man noch die Ruthe (Pręt) in 10 Ruthchen (Pręcików).

Eine lithauensche Ruthe von 15 dergleichen Fuß hält 15 Fuß $6\frac{3}{10}$ Zoll brandenburgisch Maaß, oder 1,293754 brandenburgische Ruthen, und es vergleichen sich beinahe

17 lithauensche mit 22 brandenburgischen Ruthen.

§. 10.

In Schlesien und der Grafschaft Glatz bedient man sich zu den meisten Ausmessungen der breslauer Elle, welche in 2 Werkfuße oder 24 Zolle eingetheilt wird. Der Werkfuß enthält 127,65 pariser, oder 132,118 brandenburgische Linien, welches nahe 11 brandenburgische Zolle sind. Von diesen Werkfußen geben 15 eine breslauische Ruthe, und es ist daher

1 bresl. Fuß	=	0,9174824	brandenb. Werkfuß.
	=	0,8864583	pariser Fuß.
1 bresl. Elle	=	1,8349745	brandenb. Werkfuß.
	=	1,7729166	pariser Fuß.
1 bresl. Ruthe	=	13,7623086	brandenb. Werkfuß.
	=	13,2968750	pariser Fuß.

Durch ein königl. Edict vom 12. Dezember 1751 ist die Einführung der breslauer Elle in ganz Schlesien und der Grafschaft Glatz verfügt worden.

§. 11.

Im Fürstenthum Eichsfeld und den Städten Nordhausen und Mühlhausen ist durch die königl. Finanz- und Polizeikommission im Jahr 1803, und besonders durch die Bemühung des Hrn. Prof. Lingemann, die Größe der dortigen Maaße und Gewichte ausgemittelt worden.

In Heiligenstadt und dem Obereichsfelde, hält der Werkfuß 125,5 pariser Linien, oder 10 Zoll 9,9 Linien brandenburgisch.

In Duderstadt nebst dem Untereichsfelde, das Amt Haarburg ausgenommen, hält der Werkfuß 128,5 pariser Linien, oder 11 Zoll 0,9 Linien brandenburgisch.

Die Stadt Worbis, nebst dem Amte Haarburg, hat einen Werkfuß von 127 pariser Linien, oder 10 Zoll 11,4 Linien brandenburgisch.

In Nordhausen hält der Werkfuß 129,75 pariser Linien oder 11 Zoll 2,3 Linien brandenburgisch, und in Mühlhausen 124,5 pariser Linien, oder 10 Zoll 8,8 Linien brandenburgisch.

In Heiligenstadt, Worbis und dem Obereichsfelde wird die Ruthe in 10 Fuß, in Duderstadt und dem Untereichsfelde aber in 19 Fuß, mit Ausnahme des Amts Gieboldehausen, wo eine Feldruthe von 14, und eine Waldruthe von 16 Fuß üblich ist, getheilt.

Die nordhauser Ruthe hält 7½ nordhauser Ellen und wird in 10 Fuß getheilt.

Die mühlhauser Ruthe hält 14 mühlhauser Fuß; bei Vermessung der Teiche und Wälder aber 16 Fuß.

Es hält daher eine Ruthe in

	Brandenburgische		
	Fuß.	Zoll.	Linien.
Heiligenstadt	15	—	—
Duderstadt	17	6	5,76
Worbis	15	—	—
Nordhausen	13	3	—
Mühlhausen	12	6	3,2

§. 12.

1. Das cölnische Fußmaaß kommt noch häufig in der Grafschaft Mark und einem Theile des Herzogthums Cleve vor, ungeachtet das rheinländische Maaß daselbst allgemein eingeführt werden sollte. Die Abweichung der verschiedenen cölnischen Fuße unter einander hat schon zu vielen Unordnungen und Prozessen Veranlassung gegeben, so daß im Jahr 1804 die Munizipalität der Stadt Cöln ersucht wurde, ein genaues cölnisches Fußmaaß zu übersenden. Der übersandte Fuß war auf Messing gestochen, und seine Richtigkeit durch ein besiegeltes Attest der Munizipalität vom 16 Messidor d. J. 12 bezeugt, auch in dem Schreiben der Munizipalität angeführt, daß das Original dieses Fußmaaßes gleichfalls in Messing gearbeitet, von den ältesten Zeiten her in den Stadtarchiven aufbewahret werde. Bei der Ausmittelung der Größe dieses Fußes fand ich denselben 127,5 pariser Linien, oder 10,9969 oder 11 brandenburgische Zolle lang.

Nach den Ausmittelungen der Kommission über Maaß und Gewicht im Ruhrdepartement im Jahr 1799 (Reduc-

(Reduktionstabellen der ehemaligen Maaße und Gewichte ꝛc. S. 5.) fand diese Kommission, daß der cölnische Fuß 0,2875 provisorische Meter enthalte, welche sich mit 127,48955 oder nahe genug mit 127,5 pariser Linien vergleichen. Hienach ist also die Größe des cölnischen Fußes außer Zweifel gesetzt, und es vergleichen sich genau

12 cölnische Fuß mit 11 brandenburgischen.

Die cölnische Ruthe hält 16 dergleichen Fuß oder $14\frac{2}{3}$ brandenburgische Fuß, daher vergleichen sich

9 cölnische Ruthen mit 11 brandenburgischen.

Auf die cölnische Elle werden 2 Fuß, und auf jeden Fuß 12 Zoll gerechnet.

2. Im Herzogthum Cleve sind vormals mehrere Grundstücke nach holländischen Ruthen ausgemessen, deren jede 14 holländische oder amsterdammer Fuß groß ist. Der amsterdammer Fuß hält genau 125,4776 pariser Linien (de Marre Ber. p. 26.) oder 0,901873 brandenburg. Werkfuß, welche beinahe mit $10\frac{41}{50}$ dergleichen Zoll überein kommen. Hienach ist die holländische Ruthe = 1,052185 brandenburgischen Ruthen, und es vergleichen sich beinahe

19 holländische Ruthen mit 20 brandenburgischen.

Der holländische Fuß wird in 11 Zoll getheilt.

3. Die kalenberger Ruthe von 16 dergleichen Fußen ist vormals bei verschiedenen Vermessungen im Fürstenthum Minden im Gebrauch gewesen. Der kalenberger Fuß hält (v. Münchhausen Hausv. 1. Th. S. 534.) 129,9 pariser Linien, also ist eine kalenberger Ruthe = 1,2448788 brandenburgische Ruthen, oder sehr nahe = $14\frac{46}{49}$ brandenburgische Werkfuß. Es vergleichen sich daher beinahe

45 kalenberger Ruthen mit 56 brandenburgischen,

4. In dem Fürstenthum Ostfrießland ist außer dem rheinländischen und amsterdammer noch vorzüglich im Handel und bei Bauen das emdener Fußmaaß im Gebrauch, welches auch unter dem Namen gröninger

vorkommt. Der emdener Fuß hält nach officiellen Ausmittelungen 129,5 pariser Linien oder 11,1694 brandenburgische Zoll, oder 0,930784 dergleichen Fuß, und es vergleichen sich beinahe

29 emdener Fuß mit 27 brandenburgischen.

§. 13.

In dem Fürstenthum Anspach ist vorzüglich seit dem Jahre 1710 der anspacher Werkfuß gebräuchlich, nach welchem alle öffentliche Vermessungen vorgenommen werden. Das eiserne Original desselben, welches an beiden Enden aufrecht stehende eiserne Lappen hat, zwischen welche der Fuß genau passen muß, ist an dem Rathhause in Anspach eingemauert, seine Entstehung hat aber noch nicht ausgemittelt werden können, ob es gleich wahrscheinlich ist, daß derselbe bei der Erbauung des Rathhauses im Jahr 1610 eingemauert worden ist. Nach der gedruckten Instruction für die Land-Renovators und Feldmesser vom Jahr 1746, sind die Feldmesser (§. 8.) angewiesen, sich des onolzbachschen Werkschues zu bedienen, dessen Länge von Eisen am Rathhause befindlich ist. Die geometrische Ruthe von 10 dergleichen Fuß enthält 12 Werkfuß.

Bei Gelegenheit, daß die Maaße und Gewichte im Jahr 1800 im Fürstenthum Anspach regulirt worden sind, hat der Hr. Kriegsrath Yelin mit aller erforderlichen Genauigkeit für die Größe des Anspacher Werkfußes, nach dem vorhandenen Original am Rathhause 132,92 pariser Linien gefunden. Hiemit stimmt auch die an das königl. Ober-Baudepartement zu Berlin eingesandte Kopie dieses Fußmaaßes genau überein.

Hienach vergleichen sich beinahe

45 anspacher Werkfuße oder Ruthen mit
43 brandenburgischen Werkfußen oder Ruthen.
1 anspacher Ruthe = 0,955209 brandenb. Ruthen.

§. 14.

Die Genauigkeit mit welcher man die französischen Maaße erhalten kann, hat veranlaßt, daß man solche schon längst zur Vergleichung mit andern Maaßen benutzte. Bis zum Jahr 1795 war allgemein der pariser Fuß (pied de roi) üblich, welcher in 12 Zoll, jeder Zoll in 12 Linien, und jede Linie in 10 Skrupel eingetheilt war. Eine Toise hatte 6 dieser Fuß. Am 18ten Germinal im Jahr 3 der französischen neuen Zeitrechnung (7. April 1795) sollte der Pied de roi durch den neueingeführten Meter (Mètre) verdrängt werden, und man bestimmte damals, daß der Meter 3,079458 pariser Fuß halten sollte. Später, den 13. Brûmair im Jahr 9 der französischen Zeitrechnung (2. Nov. 1801) veränderte man diese Länge und setzte nunmehr als unabänderlich fest, daß der Meter (définitif) 3,078444 pariser Fuß oder 443,295936 pariser Linien, bei $16\frac{1}{4}$ Grad des hunderttheiligen oder 13 Grad des reaumürschen Quecksilberthermometers halten sollte. Diese noch jetzt beibehaltene Länge gründet sich auf die von den Hrn. Mechain und Delambre von Dünkirchen bis Mont-Jouy bei Barcellona ausgemessene Dreiecksreihe. Mit Hülfe der nöthigen astronomischen Bestimmungen hatte man hiedurch mehr als den zehnten Theil von der ganzen Länge des Viertelerdmeridians zwischen dem Aequator und dem Pole bestimmt, so daß man nun mit Hülfe des früher gemessenen peruanischen Grades, die Abplattung der Erde auf $\frac{1}{334}$ der Erdaxe und die Länge des vierten Theils eines Erdmeridians vom Aequator bis zum Pole auf 5130740 Toisen, oder 30784440 pariser Fuß bestimmte, und hieraus leicht den Meter als den zehenmilionensten Theil des Viertelerdmeridians ableiten konnte. Nach der festgesetzten Eintheilung betragen:

1 Myriameter	=	10000	Meter.
1 Kilometer	=	1000	=
1 Hektometer	=	100	=
1 Dekameter	=	10	=
1 Decimeter	=	$\frac{1}{10}$	=
1 Centimeter	=	$\frac{1}{100}$	=
1 Millimeter	=	$\frac{1}{1000}$	=

So fern in dieser Schrift vom Meter ohne weitere Bemerkung die Rede ist, wird darunter der angeführte Definitifmeter verstanden. Da indessen vor dem Jahr 1801 schon mancherlei Ausmessungen nach dem im Jahre 1795 vorläufig festgesetzten Meter vorgenommen sind, so ist zu bemerken, daß wenn von diesem die Rede ist, solcher stets mit dem Namen provisorischer Meter bezeichnet werden soll.

Für den Meter definitif und für den pariser Fuß erhält man folgende Vergleichungen:

1 Meter	=	3,078444	pariser Fuß.
	=	3,18619949687	brdb. Werkfuß.
1 pariser Fuß	=	0,32483943187	Meter.
	=	1,03500323439	brdb. Werkfuß.
1 brdb. Werkf.	=	0,31385354281	Meter.
	=	0,95618055556	pariser Fuß.

Zur bequemen Verwandlung der brandenburgischen Maße in pariser und umgekehrt, sehe man die am Ende befindlichen Vergleichungstafeln.

Eine vollständige Nachricht über die Arbeiten zur Bestimmung der französischen Maaße findet man in der im Verzeichniß angeführten reichhaltigen Schrift des Herrn Professor Tralles. Auch ist noch zu bemerken, daß nach den spätern Ausmessungen der Hrn. Biot und Arago, von Mont-Jouy bis zur Insel Formentera, der vierte Theil des Erdmeridians 5130729,167 Toisen groß gefunden wird.

§. 15.

Um einige der vorzüglichsten Fußmaaße mit einander vergleichen zu können, dient nachstehende Zusammenstellung, wobei zu bemerken ist, daß wenn für einen Fuß mehrere Verhältnisse angegeben sind, allemal dasjenige Verhältniß welches mit einem Sternchen * bezeichnet ist, in Ansehung der Richtigkeit, die größte Wahrscheinlichkeit für sich hat.

Vergleichung einiger der vorzüglichsten Ruthen- und Fußmaaße nach pariser Linien.

	Pariser Linien.	
Amsterdamm, Fuß . .	125,4776	Lulofs (de Marre Ber p. 26.)
Anspach, Werkfuß . .	132,22	§ 13.
Brandenburgischer Werkfuß	139,13	§. 3.
Feldfuß	166,956	§. 4
Ruthe	1669,56	§. 4
Breslau, Werkfuß . .	127,65	Scheibel Oekon. Nachr. 1778 S. 369.
Cleve, Fuß	131,00	Kruse allgem Contor. 1 Th. S. 429.
Cöln, Fuß	127,5	§. 12. (1.)
Cüstrin, Kammerruthe, vormalige	2121,732	§ 7.
Culm, Fuß, alter . .	127,72	§. 9. (1.)
Culm, Ruthe, westpr. oder alte	1915,82	§. 9. (1.)
ostpreuß. oder neue	1945,73	§. 9. (2)
Dänemark, Fuß . .	139,13	Pauoton Mètr. p. 239.
Danzig, Fuß	127,175	§. 9 (6.)
Darmstadt, Fuß . . .	127,6	Schmidt, Anfangsgr. d. Mathem. 1. Theil.
Duderstadt, Werkfuß .	128,5	§. 11.
Durlach, Werkfuß . .	129,00	Chelius, Vergl. S. 137.
Emden, Werkfuß . .	129,5	§. 12. (4.)
Frankfurth a. M. Werkfuß	126,162	Chelius, Vergl. S. 6.
Griechischer olymp. Fuß	137,35	Eisenschmid de pond. p. 110.
	142,668	Paucton Mètr p. 136.
	136,8 *	de l'Isle (Große, Mer. Taf. S. 4.)
Halle, Werkfuß, vormaliger	127,95	Meinert, Feldmeßkunst. S. 33.
Feldfuß, vormaliger	191,925	— — —
Hamburg, Fuß . . .	127,00	Kruse a. a. O. S. 430.
Heiligenstadt, Werkfuß	125,5	§ 11.
Hervord, Fuß . . .	131,0	Kruse a. a. O.
Kalenberger Fuß . . .	129,9	v. Münchhausen, Hausv. 1 Th. S 534.
Karlsruhe, Fuß . . .	129,0	Chelius, Vergl. S. 137
Königsberg in Preußen, Fuß, vormaliger . .	136,402	§. 9. (5.)

	Pariser Linien.	
Leipzig, gemeiner Fuß .	125,10	Kruse, Contor. 1. Th. S. 430.
Baufuß . .	125,30	— — —
Leyden, Fuß	139,183	Lulofs, Harlem Verhandl. 3 Deel.
Lithauenscher Fuß . .	144,00	§. 9 (8.)
London, Fuß (Foot) .	135,1154	Philos. Transact. 1768. p. 326
	135,13 *	Celsius, Schwed. Abh. 1 Bd S. 256.
	135,158	Graham, Phil. Trans. V 42. p 541.
Mecklenburg, Fuß . .	129	Westphal, Abh. von den Mecklenb.. Münzen rc.
Mühlhausen, Werkfuß	124,5	§. 11.
München, Fuß . . .	129,38	Weigel v. Zach monatl. Corr.. 1800. S. 610.)
Neumärksche große Landruthe, vormalige . .	2226,08	§. 7.
Nordhausen, Werkfuß .	129,75	§. 11.
Nürnberg, Stadtfuß .	134,675	Wurzelbauer (Eisens. de pond. p. 95)
Oletzkoische Ruthe . .	1848,45	§. 9 (3.)
Paris, Meter (définitif)	443,295936	Dekret v. 13. Brümair, Jahr 9.
Fuß (Pied de roi)	144,00	
Pommerscher oder stettiner vormaliger Fuß . .	129,47	§. 8.
Rheinländischer Fuß .	139,183	Lulofs, Harlem. Verh. 3 Deel 1757.
Rom, alter Fuß	130,66 *	Große, met. Taf. S. 4.
	130,683	Barthélemi (Paucton Métr. p. 129.)
	130,90	Condamine (Mém. de l'ac. de Paris 1757.)
neuer Fuß (Palmo dei Architetti) . .	99,0	Cassini (Mém. de l'ac. de Paris 1702.)
	99,033 *	Boscovich (la Lande Astron. T. III. p. 12.)
	99,85	Auzoult (Anc. Mém. de l'ac. de Par. T. IV.)
Schweden, Fuß . . .	131,587	Celsius (Schwed. Abh. 1. Bd. S. 256.)
Soldinische Ruthe, vormal.	1959,414	§. 7.
Stuttgart, Fuß . . .	127,00	Chelius, Vergl. S. 162.
Turin, Fuß (Piedi di liprando)	227,70	Beccaria (la Lande a. a. O.)
Warschau, Fuß . . .	132,00	§. 9. (7.)
Wien, Fuß	140,13 *	Vega, Taf. 2. B. S. 348.
	140,117	Hell (la Lande a. a. O.)

	Pariser Linien.	
Wien, Fuß	140,12	Liesganig, Dimens. Grad p. 18.
Willna, Fuß	144,00	§ 9. (8).
Worbis, Werkfuß . .	127,00	§ 11.
Würzburg, Werkfuß .	130,5	Chelius, Vergl. S. 170.

§. 16.

Wenn nicht die größte Genauigkeit erfordert wird, so sind sehr nahe:

45 anspacher Fuß	=	43 brandenburg. Werkfuß.
12 cölnische Fuß	=	11 " "
35 danziger Fuß	=	32 " "
29 emdener Fuß	=	27 " "
35 londoner Fuß	=	34 " "
27 Meter . .	=	86 " "
57 pariser Fuß	=	59 " "
21 londoner Fuß	=	17 brandenburg. Feldfuß.
26 Meter . .	=	69 " "
80 pariser Fuß	=	69 " "
45 anspacher Ruthen	=	51 brandenburg. Ruthen.
9 cölnische Ruthen	=	11 " "
19 holländ. Ruthen	=	20 " "
45 kalenberg. Ruthen	=	56 " "
17 lithauensche Ruth.	=	22 " "
29 pariser Toisen	=	15 " "
54 altpomm. Ruthen	=	67 " "
43 warschauer Ruthen	=	51 " "

Nachstehende Ruthen enthalten in den zugehörigen Unterabtheilungen desselben Maaßes:

Anspacher Ruthe	12 Fuß.
Brandenburgische Ruthe	10 Feldfuß. 12 Werkfuß.
Cölnische Ruthe	16 Fuß.
Culmische Ruthe	15 "

Danziger Ruthe	15	Fuß.
Dänische Ruthe	12	„
Engländische Rood	$16\frac{1}{2}$	„
Hallesche alte Ruthe	10	Feldfuß.
	15	Werkfuß.
Hamburger Ruthe	16	Fuß.
Holländische Ruthe	14	„
Kalenberger Ruthe	16	„
Leidener Ruthe	12	„
Leipziger Ruthe	$15\frac{1}{8}$	„
Lithauensche Ruthe	15	„
Mecklenburgische Ruthe	16	„
Mühlhauser Ruthe	14	„
Nordhauser Ruthe	10	„
Nürnberger Ruthe	16	„
Obereichsfeldsche Ruthe	10	„
Oletzkoische alte Ruthe	15	„
Pariser Toise	6	„
Polnische Ruthe	15	„
Pommersche alte Ruthe	16	„
Preußische Teichgräberruthe	15	„
Rheinländische Ruthe	12	„
Schlesische Ruthe	15	„
Schwedische Ruthe	16	„
Untereichsfeldsche Ruthe	19	„

§. 17.

Von der berliner Elle befindet sich sowohl auf dem berliner Rathhause in der Kämmereistube, als auch bei dem Polizeidirektorio eine eiserne Probeelle, die nach einer von mir wiederholentlich vorgenommenen genauen Ausmessung 25,53 brandenb. Werkzoll, oder 296 pariser Linien groß ist. Nach Kruse Contor. ꝛc. 1. Th. S. 71, Nelkenbrecher Taschenbuch ꝛc. S. 30, und Gerhard Contor. 1. Th. S. 46, soll die berliner Elle $295\frac{3}{5}$ pariser Linien, also $\frac{2}{5}$ Linien weniger halten; nach dem unten angeführten Patent vom 13. Sept. 1772 wird ihre Größe sogar nur auf $25\frac{5}{12}$ rheinl. Zolle angegeben. Weil aber sämmtliche Ellen für die preuß. Staaten nach der Probeelle in der hiesigen Kämmereistube verfertiget werden, so ist die zuerst angegebene Länge von 25,53 brandenb. Werkzoll, als die wahre Größe derselben anzunehmen.

Die Unterabtheilungen der Elle bestehen gewöhnlich nur in halben, viertel, achtel und sechszehntheil Ellen.

Ueber die Einführung der berlinischen Elle hat man nachstehende churfürstliche und königliche Verordnungen:

Patent vom 13. März 1693; das Gewicht, Maaß, Ellen und Gefäß richtig zu haben, und wie es zu zeichnen.

Edikt vom 16. Januar 1713; daß in der ganzen Kurmark Gleichheit im Maaße, Scheffel, Elle und dem Gewicht eingeführt, und das berliner Maaß zum Grunde gelegt werden soll.

Edikt vom 16. Juny 1713; das berliner Maaß, Scheffel, Ellen und Gewichte in der ganzen Mark zu introduciren, und daß dem Verkäufer frei stehet, den Scheffel selbst zu streichen.

Patent vom 13. September 1772; daß bei scharfer Strafe in Preußen unter keinerlei Prätext mehr, auch nicht zum sogenannten Nachweisen, ferner das vormalige kleine Maaß und Gewicht, sondern durchgehends berlinier Elle, Maaß und Gewicht, von der gesetzten Zeit an gebraucht werden solle.

§. 18.

Die Größe verschiedener vormals in der Neumark gebräuchlichen Ellen, ist durch eine Kommission von Seiten der kurmärkischen Ritterschaft und des berliner Magistrats im Jahr 1713 untersucht worden. Die Vergleichung mit der berliner Elle hat gegeben, für die

Cottbusser Elle	$\frac{63}{64}$	berliner Ellen,
Crossener Elle	$\frac{7}{8}$	= =
Drossener Elle	$1\frac{1}{128}$	= =
Friedeberger Elle	1	= =
Woldenberger Elle	$\frac{63}{64}$	= =
Züllichaner Elle	$\frac{7}{8}$	= =

§. 19.

Im Fürstenthum Eichsfeld und den Städten Nordhausen und Mühlhausen sind folgende Ellen gebräuchlich:

Heiligenstadt und das Obereichsfeld	251 par. Lin.
Duderstadt und das Untereichsfeld, das Amt Haarburg ausgenommen	257 = =
Worbis und das Amt Haarburg	254 = =
Nordhausen	246 = =
Mühlhausen	248,5 = =

§. 20.

Das Ellenmaaß in Ostfriesland und dem harlinger Lande ist sehr verschieden. Eine Elle in Aurich und Leer hält $1\frac{1}{250}$ berliner Ellen; in Emden, Berum, Gretsyhl, Norden und Wittmund $1\frac{1}{60}$ berliner Ellen; in Esen und Friedeburg $1\frac{1}{120}$ berliner Ellen und in Stückhausen $1\frac{1}{160}$ berliner Ellen. Die Pewsumer Elle ist mit der berliner gleich.

Es vergleichen sich genau
60 emdener Ellen mit 61 berliner.

§. 21.

Die anspacher Originalelle wird auf dem Rathhause in Anspach aufbewahrt. Sie bestehet aus einem eisernen Stabe, welcher an beiden Enden mit aufwärts stehenden eisernen Lappen versehen ist, zwischen welchen eine richtige Elle genau einpassen muß. Mit hinlänglich genauen Werkzeugen fand Hr. Kriegsrath Yelin im Jahr 1800 die Länge dieser Elle 276,78 pariser Linien, und es vergleichen sich beinahe

15 anspacher Ellen mit 14 berliner, oder genauer
77 = = = 72 =

§. 22.

Nach dem Edikt „wegen allgemeiner Regulirung des Maaßes und Gewichts in der Provinz Südpreußen, de dato Berlin, den 31. Januar 1796," mit welchem eine „Tabelle vom Verhältniß des in Südpreußen üblich gewesenen polnischen Maaßes und Gewichts, gegen das jetzige Normal, imgleichen gegen das breslauer und berliner resp. Maaß und Gewicht" ausgegeben wurde, soll

in Posen	eine Elle	=	$1\frac{1}{31}$	breslauer Ellen,
= Petrikau	= =	=	$1\frac{1}{31}$	= =
= Lenczic	= =	=	$1\frac{1}{44}$	= =
= Rawa	= =	=	$1\frac{1}{44}$	= =
= Warschau	= =	=	$1\frac{1}{66}$	= =
= Sochaczew	= =	=	$1\frac{1}{22}$	= = seyn.

In eben dieser Tabelle wird angenommen, daß die breslauer Elle mit $\frac{11}{12}$ berliner Ellen übereinkomme; wenn dieses nun gleich mit den genauesten Ausmessungen beider Ellen nicht übereinstimmt, so läßt sich dennoch, in so fern nicht auf große Genauigkeit gesehen wird, annehmen, daß 11 berliner Ellen mit 12 breslauer überein kommen.

§. 23.

Die Vergleichung der berliner Elle mit einigen andern, welche am meisten vorkommen, kann nach der folgenden Zusammenstellung geschehen, wo die Größe einer jeden Elle in pariser Linien angegeben ist.

Vergleichung einiger der vorzüglichsten Ellen.

	Pariser Linien.	
Amsterdam	305,39	de Marre Ber. p. 27.
Anspach	272,0	Kruse, Contbr. 1. Th. S 423.
	276,0	Vega, Taf. 2. B. S. 345.
	276,78 *	§. 21.
Aurich	297,16	§. 20.
Antwerpen, große . .	307,8	Kruse, a. a. O.
kleine . .	303,4	— —
Bayreuth	266,2	— —
Berlin	296,0	§. 17.
Bielefeld	259,3	Kruse, a. a. O.

	Pariser Linien.	
Brabanter, in Frankfurt a. M.	309, 95	Chelius, Vergl. S. 11.
in Hamburg .	306, 5	Kruse, Contor. 1. Th. S. 423.
in Amsterdam	307, 7	de Marre, Ber. p. 27.
Braunschweig	253, 0	Kruse, a. a. O.
Breslau	255, 3 *	Scheibel, ökon. Nachr. 1778. S. 369.
	255, 1	Hube, Landw. 2. Bd. S. 142.
Brüssel, große	307, 8	Kruse. a. a. O S. 424.
kleine	303, 4	— — —
Cleve	255, 4	Gerhard, Cont. 2. Bd. S. 260.
Cöln	255	§. 12.
Cottbus, vormalige . .	291, 4	§. 18.
Culm	255, 44	§. 9. (1.)
Dännemark	278, 26	Kruse, a. a. O.
Danzig	254, 35	Hanov, Danz. Abhdl. S. 92.
Dresden	250, 9	Kruse, a. a. O.
Duderstadt	257	§. 19.
Elbing	250, 5	Kruse, a. a. O.
Emden	300, 9	§ 20.
Frankfurt am Main . .	242, 61	Chelius, Vergl S. 11.
Hamburg	254, 0	Kruse, a. a. O. S. 425.
Heiligenstadt	251	§. 19.
Kalenberg	259, 8	v. Münchhausen, Hausvater 1 Th. S. 541.
Leipzig	250, 58	Hube, a. a. O. S. 143.
Lenczic, vormalige Elle .	261, 1	Edikt v. 31. Jan. 1796.
Lithauen	288	§. 9. (8.)
London, Yard von 3 Fuß	405, 39	Celsius, schwed. Abh. 1. Bd. S. 256.
Leinwandelle . .	506, 9	Kruse, a. a. O.
in Boy u. Frieß, Godes	311, 0	— —
Magdeburg	295, 6	— —
Mühlhausen	248, 5	§. 19.
Nordhausen	246	§ 19.
Nürnberg	292, 4	Kruse, a. a. O.
Paris, franz. Elle, Aune	526, 6	Hellot et Camus (Mém. de l'ac. de Paris 1746.)
Seidenhändler-Stäbe	527, 5	Kruse, a. a. O. S. 427.
Tuchhändler-Stäbe,	526, 4	— — —

	Pariser Linien.	
Paris, Leinwandhändl. Stäbe	524,0	Kruse. Contor. 1. Bd. S. 427.
Petrikau, vormalige Elle	263,5	Edikt v 31. Jan. 1796.
Posen, vormalige Elle .	263,5	— — —
Rawa, vormalige Elle .	261,1	— — —
Rotterdam, Elle	306,0	Kruse, a. a. O.
Rußland, Arschine . .	315,4	— —
	318,24	Paucton, Mètr p 779.
	320,0	Gerhard, Cont 2. Bd. S 266
Schlesien, Elle	255,3	Scheibel, a. a. O.
Schmiedeberg	247,3	Kruse, a. a. O.
Schweden	263,2	— —
Sochazew, vormalige Elle	266,9	Edikt v. 31. Jan. 1796.
Spanien, Vara	369,864	Paucton, Metr. p. 747.
Stralsund	258,0	Kruse, a a. O. S. 428.
Warschau	264	§ 9 (7.).
Wien	344,5	Kruse, a. a O.
	345,42 *	Vega, Taf. 2. B. S. 348.
Worbis	254	§. 19.

§. 24.

Nach der vorstehenden Zusammenstellung verglei- chen sich nahe genug

30	amsterdammer	mit	31	berliner	Ellen,
15	anspacher	=	14	=	=
8	bielefelder	=	7	=	=
29	breslauer	=	25	=	=
80	clever	=	69	=	=
22	culmer	=	19	=	=
64	danziger	=	55	=	=
38	duderstädter	=	33	=	=
60	emdener	=	61	=	=
46	heiligenstädter	=	39	=	=
13	leipziger	=	11	=	=
25	mühlhauser	=	21	=	=
71	nordhauser	=	59	=	=

9 pariser mit 16 berliner Ellen,
37 warschauer = 33 = =
7 worbiser = 6 = =

§. 25.

In den Bergwerken ist das Lachter als Längenmaaß gebräuchlich. An den meisten Orten wird dasselbe in acht gleiche Theile oder Achtel getheilt; jedes Achtel in zehn gleiche Theile oder Lachterzolle; jeder Zoll in zehn gleiche Theile oder Lachterprimen; jede Prime in zehn gleiche Theile oder Lachtersekunden.

Lachter.	Achtel.	Lachterzolle.	Lachterprimen.	Lachtersekunden.
1	8	80	800	8000
	1	10	100	1000
		1	10	100
			1	10

Im Jahr 1780 ist auf Verordnung des königlichen Bergwerks-Departement im Herzogthum Magdeburg, Fürstenthum Halberstadt, Fürstenthum Minden und der Grafschaft Mark einerlei Lachter von 80 rheinländischen Zoll groß eingeführt worden, so daß hienach das preußische Lachter (Schlesien ausgenommen) 6,4412 pariser Fuß oder $927\frac{8}{15}$ pariser Linien hält.

In demselben Jahre ist für das Herzogthum Schlesien ein allgemeines Lachtermaaß von 80 breslauer Zoll festgesetzt worden. Hienach hält das schlesische Lachter 5,9097 pariser Fuß oder 851 pariser Linien.

Es vergleichen sich daher beinahe

11 preußische Lachter mit 12 schlesischen,

oder genauer

89 preußische Lachter mit 97 schlesischen.

Zur Vergleichung der vorzüglichsten Lachter dienen nachstehende Angaben, welche sich auf pariser Fuße beziehen.

Lachter.	Pariser Fuß.	
Clausthaler .	5, 9420	nach Weidler.
	5, 9222	= Langsdorf.
	5, 9032	= de Lüc (Hube Landw. S. 144.)
Dänische . .	6, 1923	= Langsdorf.
Eislebensche	6, 2115	= Weidler.
	6, 1910	= Langsdorf.
Freiberger .	6, 1108	= Weidler.
(alte)	5, 9800	= Lempe.
	6, 1055	= Langsdorf.
Idria . . .	6, 0266	= Lempe.
Joachimsthaler	6, 0400	= Weidler.
	5, 9060	= Lempe.
	6, 0201	= Langsdorf.
Oberharzer .	5, 9270	= Lempe.
Pfälzer . .	6, 5460	= =
Preußische .	6, 4412	wie oben.
Sächsische .	6, 0860	nach Lempe.
Schemnitzer .	6, 2322	= Poda.
	6, 2330	= Lempe.
Schlesische .	5, 9097	= oben.
Schwedische	5, 4830	= Lempe.

Diese Angaben beziehen sich auf nachstehende Schriften:

H. J. F. **Weidlers** Anleitung zur unterirdischen Meß- oder Markscheidekunst, aus der lateinischen verbesserten Auflage in das Deutsche übersetzt von Niklas **Fuchsthaler**. Wien 1765. 8. (Seite 22.) (Das Freiberger Lachter wird daselbst 6 Fuß 3 Zoll 10¾ Linien rheinl. angegeben.)

Kurzgefaßte Beschreibung der, bei dem Bergbau zu Schemnitz in Nieder-Hungarn, errichteten Maschinen ꝛc. verfasset von N. **Poda**, herausgegeben von J. Edlen v. **Born**. Preg 1771. 8. (Seite 79.)

Bergmännisches Rechenbuch. Erster Theil. Freyberg 1787. 8. (von J. F. **Lempe**.) (Seite 240.)

Handbuch der Maschinenlehre, von K. C. Langsdorf. Erster Band. Altenburg 1797. 4. (Seite 66.)

§. 26.

Die Größe der deutschen oder geographischen Meile hängt von der Bestimmung des Umfanges der Erde ab. Sie ist der 15te Theil eines Grades der Breite, und würde, wenn die Erde eine Kugel wäre, der 5400te Theil von einem ihrer größten Kreise seyn. Wegen der Abplattung der Erde entstehen aber ungleiche Breiten-Grade, und man nimmt daher zur Bestimmung der Größe einer deutschen Meile einen mittleren Grad an, welchen man dadurch erhält, daß man den Quadranten des Meridians, welches der vierte Theil desjenigen Erdumfanges ist, welcher durch die Erdpole geht, in 90 gleiche Theile theilt. Nun ist nach den Ausmittelungen der französischen Mathematiker zur Bestimmung des Meters, die Länge des Viertelmeridians = 5130740 Toisen = 30784440 pariser Fuß = 10000000 Meter = 31861995 brandenb. Werkfuß, daher der neunzigste Theil oder ein mittlerer Breitengrad = $57008\frac{2}{9}$ Toisen = $342049\frac{1}{3}$ par. Fuß = $111111\frac{1}{9}$ Meter = $354022\frac{1}{6}$ brandenb. Werkfuß. Wird hievon der funfzehnte Theil genommen, so findet man die Länge der deutschen oder geographischen Meile = 3800,55 Toisen = 22803,29 pariser Fuß = 7407,41 Meter = 23601,48 brandenb. Werkfuß = 1966,79 brandenb. Ruthen.

In den königl. preuß. Staaten bedient man sich zum Ausmessen der Wege und bei der Verfertigung der Situationskarten der Feldmesser- oder brandenburgischen Meile, deren Länge 2000 brandenb. Ruthen beträgt. Sie hat den Vortheil, daß ein Maaßstab, der in Ruthen ausgedrückt ist, leicht in Meilen und umgekehrt verwandelt werden kann; auch findet hiebei keine Ungewißheit wie bei den geographischen Meilen statt.

Die schlesische Meile hält 1500 bresl. Ruthen oder 11250 bresl. Ellen oder 2064,3463 brandenb. Ruthen.

Zweiter

Zweiter Abschnitt.
Vergleichung der Flächenmaaße.

§. 27.

Zur Ausmessung der Flächen bedient man sich des Quadrats, welches eine viereckigte Figur ist, die von gleichen Seiten und Winkeln eingeschlossen wird. Hieraus entspringen die Quadrat-Ruthen oder □Ruthen, deren Seiten eine Ruthe lang, und □Fuße, deren Seiten einen Fuß lang sind; eben so sieht man, was unter □Zoll, □Linien u. s. w. verstanden wird.

Es ist leicht aus den bekannten Verhältnissen verschiedener Längenmaaße, die Verhältnisse ihrer Flächenmaaße gegeneinander zu bestimmen. Die am Ende beigefügten Tafeln enthalten diese Vergleichung des brandenburgischen mit dem alten und neuen französischen Flächenmaaße.

Bei dem Werk- oder zwölftheiligen brandenburgischen □Maaß enthält die □Ruthe 144 □Fuß, der □Fuß 144 □Zoll, der □Zoll 144 □Linien, und die □Linie 144 □ Skrupel.

Von dem Feld- oder zehntheiligen brandenburgischen Flächenmaaß enthält die □Ruthe 100 □Fuß, der □Fuß 100 □Zoll, der □Zoll 100 □Linien, die □Linie 100 □Skrupel.

Zur Abkürzung schreibt man statt:

12 brandenburgische zwölftheilige Quadrat-Fuß,
12 □Fuß d d c brdb. oder
12 □' d d c brdb.

und statt

18 brandenburgische zehntheilige Quadrat-Fuß,
18 □' dc brdb.

Das Verhältniß des Flächenmaaßes enthalten nachstehende Tafeln.

Brandenb. Werk- oder zwölftheiliges Flächenmaaß.

□Ruthe.	□Fuße.	□Zolle.	□Linien.	□Skrupel.
1	144	20736	2985984	429981696
	1	144	20736	2985984
		1	144	20736
			1	144

Brandenb. Feld- oder zehntheiliges Flächenmaaß.

□Ruthe.	□Fuße.	□Zolle.	□Linien.	□Skrupel.
1	100	10000	1000000	100000000
	1	100	10000	1000000
		1	100	10000
			1	100

Es sind demnach

100 □′ dc brdb. = 144 □′ ddc brdb.
10000 □″ „ „ = 20736 □″ „ „
1000000 □‴ „ „ = 2985984 □‴ „ „
100000000 □⁗ „ „ = 429981696 □⁗ „ „

§. 28.

Außer diesem Flächenmaaße, wovon in den preußischen Staaten gewöhnlich nur das zehntheilige zur Bestimmung des Flächeninhalts der Grundstücke im Gebrauch ist, bedient man sich zur Vermeidung großer Zahlen bei den Inhaltsbestimmungen der Aecker und Forsten, Schlesien allein ausgenommen, des magdeburgischen oder sogenannten kleinen Morgens von 180 brandenb. □Ruthen. 30 Morgen geben eine Hufe.

Hufe magdeb.	Morgen.	□Ruthen.	□Fuß dc.
1	30	5400	540000
	1	180	18000
		1	100

Die brandenb. □Meile von 4000000 □Ruthen enthält hienach $22222\frac{2}{9}$ Morgen oder $740\frac{20}{27}$. Hufen.

§. 29.

Obgleich das vorbeschriebene Maaß zur Ausmessung der Felder durch alle Reglements bei uns eingeführt ist, so bleibt es doch noch nöthig zu wissen, von welcher Größe die ehemals gebräuchlichen Flächenmaaße waren, um bei vorkommenden Streitigkeiten danach zu urtheilen.

Die vormals in der Kurmark gebräuchlichen Landflächen, welche auch unter dem Namen der großen Morgen vorkommen, sollen nach der Landmesser-Instrukzion vom 25. Februar 1704 durchgehends 400 rheinländische □Ruthen enthalten.

§. 30.

Die ehemals in der Neumark gebräuchlichen Flächenmaaße geben nachstehende Vergleichung:

1 soldinsche □Ruthe = 1 □R. 54 □′ 49 □″ brdb. ddc Maaß.
1 soldinscher Morgen = 413,2089087... brdb. □R. oder = 2 magdeb. Morg. 53 □ R. 30 □′ 12 □″ brdb.
1 soldinsche Hufe = 2 Huf. 8 Morg. 156 □R. 38 □′ 72 □″ magdeb.
1 altcüstr. Kammer-□R. = 1 □R. 88 □′ 81 □″ brdb.
1 altcüstr. Kammermorg. = 484,5052083... brdb. □R. = 2 magdeb. Morg. 124 □R. 72 □′ 108 □″ brdb.

1 altcüstr. Kammerhufe = 2 Huf. 20 Morg. 135 □R. 22 □′ 72 □″ brdb.

1 neumärk. gr. Land-□R. = 1 □R. 112 □Fuß brdb.

1 neumärk. gr. Landmorg. = $533\frac{1}{3}$ = 533,33... brdb. □R. oder = 2 magdeb. Morg. 173 □R. 48 □ brdb.

1 neumärk. gr. Landhufe = 2 Hufen 160 Morg. 28 □R. magdeb.

Bei diesen neumärkschen Flächenmaaßen wird ebenfalls die Hufe in 30 Morgen, und der Morgen in 300 □Ruthen eingetheilt.

§. 31.

Die vormalige pommersche □Ruthe von 256 dergleichen □Fuß enthält 1,5394 brandenb. □Ruthen, und da der pommersche Morgen in 300 pommersche □Ruthen getheilt wird, so ist

1 pomm. Morg. = 461,83 brdb. □ Ruthen, oder = 2 magdeb. Morg. 101,83 brdb. □R.

Die verschiedenen pommerschen Hufen werden folgendergestalt eingetheilt:

1 Häger-Hufe od. flämische Hufe	= 60	pomm. Morg.
1 Tripel-Hufe	= 45	= =
1 Land-Hufe	= 30	= =
1 Priester-Hufe	= 20	= =
1 Hacken-Hufe od. wendische Hufe	= 15	= =

Hienach findet man;

1 Häger-Hufe	= 27709,8	brandenb. □Ruthen.
1 Tripel-Hufe	= $20782\frac{7}{20}$	= =
1 Land-Hufe	= 13854,9	= =
1 Priester-Hufe	= 9236,6	= =
1 Hacken-Hufe	= $6927\frac{9}{20}$	= =

§. 32.

Bei den vormals in Preußen gebräuchlichen Feldmaaßen finden folgende Vergleichungen statt, wenn die §. 9. gegebenen Verhältnisse der Längenmaaße zum Grunde gelegt werden.

1 altculm. □ Ruthe = 1,31675625 brdb. □ Ruthen.
1 altculm. Morgen = 395,026875 brdb. □ Ruthen
oder beinahe
= 2 magdeb. Morg. $35\frac{1}{37}$ □ R.
1 altcum. Hufe . . = 2 Huf. 5 Mrg. 150,80625 □ R.
magdeb. oder beinahe
= 2 Huf. 5 Mrg. $150\frac{25}{32}$ □ R.
magdeb.
1 neuculm. □ Ruthe = 1,358196 brdb. □ Ruthen.
1 neuculm. Morgen = 407,4588 brdb. □ Ruthen
oder sehr nahe
= 2 magdeb. Morg. $47\frac{11}{24}$ □ R.
1 neuculm. Hufe . = 2 Huf. 7 Mrg. 163,764 □ R.
magdeb. oder beinahe
= 2 Huf. 7 Mrg. $163\frac{13}{17}$ □ R.
magdeb.
1 oletzkoische □ Ruthe = 1,225771896 brdb. □ R.
1 oletzkoischer Morgen = 367,7315688 brdb. □ R.
oder sehr nahe
= 2 magdeb. Morg. $7\frac{30}{41}$ □ R.
1 oletzkoische Hufe . = 2 Huf. 1 Mg. 51,947064 □ R.
magdeb. oder beinahe
= 2 Huf. 1 Mg. $51\frac{18}{19}$ □ R. mgdb.

Bei den vorstehenden alten preußischen Flächenmaaßen wird die Hufe in 30 Morgen, und der Morgen in 300 □ Ruthen eingetheilt.

Hienach vergleichen sich beinahe

36 altculmische Morgen mit 79 magdeb. Morgen.
19 neuculmische = = 43 = =
23 oletzkoische = = 47 = =

Nach dem danziger Flächenmaaße hält

1 Hufe 30 Morgen,
1 Morgen 300 □ Ruthen,
1 □ Ruthe 225 danziger □ Fuß.

Die danziger □ Ruthe ist mit 1,305552 oder beinahe $1\frac{11}{36}$ brandenburgischen einerlei.

Ein danziger Morgen hält 391,65456 brandenb. □Ruthen oder 2 magdeb. Morg. $31\frac{17}{20}$ brdb. □Ruthen.

Es vergleichen sich beinahe

23 danziger Morgen oder Hufen mit
50 magdeburger Morgen oder Hufen.

Die polnischen Flächenmaaße haben folgende Abtheilungen:

Hufe. Włoka.	Morgen. Morgy.	□ Ketten. □ Sznurów.	□ Ruthen. □ Prętów.	□ Ellen. □ Łokci.	□ Fuße. □ Stopy.
1	30	90	9000	506250	2025000
	1	3	300	16875	67500
		1	100	5625	21500
			1	$56\frac{1}{4}$	225
				1	4

Eine polnische Quadratruthe hält $189\frac{1}{16}$ pariser □Fuß oder 1,4064565 brandenb. □Ruthen, welche beinahe = $1\frac{13}{32}$ □Ruthen sind.

Der polnische Morgen (Morg) hält 421,93695 brdb. □Ruthen = 2 magdeb. Morgen $61\frac{469}{500}$ brdb. □Ruthen.

Die polnische Hufe hält nach magdeb. Maaß, 2 Hufen 10 Morgen $58\frac{4}{37}$ brandenb. □ Ruthen.

Es vergleichen sich beinahe:

32 polnische Morgen oder Hufen, mit
75 magdeburger Morgen oder Hufen.

Die Eintheilung des lithauenschen Flächenmaaßes ist folgende:

1 Hufe hält 30 Morgen,
1 Morgen 300 □Ruthen.
1 □Ruthe $56\frac{1}{4}$ □Ellen oder 225 lith. □Fuß.

Eine lithauensche □Ruthe hält 225 pariser □Fuß oder 1,6738 brandenb. □Ruthen oder beinahe $1\frac{31}{40}$ dergleichen □Ruthen.

Ein lithauenscher Morgen hält
502,1397 brandenb. □Ruthen oder 2 magdeb. Morgen $142\frac{6}{43}$ brandenb. □Ruthen.

Die lithauensche Hufe hält nach magdeb. Maaß, 2 Hufen 23 Morgen $124\frac{4}{32}$ brandenb. □Ruthen.

Es vergleichen sich beinahe
19 lithauensche Morgen oder Hufen mit
53 magdeburger Morgen oder Hufen.

§. 33.

In Schlesien hält die □Elle 4 bresl. □Fuß; die □Ruthe 225 □Fuß, und der schlesische Morgen 300 □Ruthen, oder 16875 schlesische □Ellen.

Hieraus folgt nach dem §. 10. gegebenen Verhältniß des Längenmaaßes, daß

1 bresl. □Fuß	=	0,9417828 brdb. □Werkfuß.
	=	0,7858084 pariser □Fuß.
1 bresl. □Elle	=	3,3671313 brdb. □Werkfuß.
1 bresl. □Ruthe	=	1,3152856 = □Ruthen.
1 schlesis. Morgen	=	394,5856944 = = =
	=	2 magdeb. Morgen $34\frac{7}{12}$ brdb. □Ruthen beinahe.

Hienach vergleichen sich sehr nahe:
64 brdb. □Werkfuß mit 19 bresl. □ Ellen.
46 magdeb. Morgen mit 21 schlesischen Morgen.

Wenn nicht die größte Genauigkeit erfordert wird, so kann man
27 brdb. □Werkfuß = 8 breslauer □Ellen, und
11 magdeb. Morgen = 5 schlesischen Morgen setzen.

§. 34.

In Absicht des Fürstenthums Eichsfeld und der Städte Nordhausen und Mühlhausen ist zu bemerken, daß der Morgen im Obereichsfelde 120 □Ruthen und im Untereichsfelde 90 □Ruthen hält; eine Ausnahme macht das Amt Lindau, wo 120, und Treffurth, wo 160 □Ruthen auf den Morgen gerechnet werden.

Der obereichsfeldsche Morgen hält 187,5 und der untereichsfeld. 192,28 brandenb. □Ruthen.

In Nordhausen hält der Acker 160 □Ruthen, welche sich mit 195,24 brandenb. □Ruthen vergleichen.

Der Acker in Mühlhausen enthält 160 □Ruthen, der Hufenacker aber nur 120. Ein Acker vergleicht sich mit 174,22 brandenburgischen □Ruthen.

§. 35.

Von dem cölnischen Flächenmaaße, welches in mehreren Gegenden Westphalens noch gebraucht wird, ist die cölnische Quadratruthe von 256 dergleichen □Fuß = $1\frac{40}{81}$ brandenburgischen □Ruthen, und es vergleichen sich 81 cölnische □Ruthen mit 121 brandenburgischen.

Der cölnische Morgen von 150 dergleichen □Ruthen hält $224\frac{2}{27}$ brandenburgische □Ruthen, oder 1 magdeburger Morgen $64\frac{2}{27}$ brandenb. □Ruthen.

Es vergleichen sich:

49 cölnische Morgen mit 61 magdeburgischen.

Außer den angeführten Feld- oder Landmorgen, hat man auch cölnische Waldmorgen, auf welche 180 cölnische □Ruthen gerechnet werden.

§. 36.

Der holländische Morgen von 600 dergleichen □Ruthen, welcher ebenfalls noch sehr oft in Westphalen vorkommt, läßt sich nach der bekannten Größe des holländischen Fußes genau bestimmen. Eine holländische Quadratruthe von 196 dergleichen □Fuß hält 1,107237 brandenburgische □Ruthen, und es vergleichen sich beinahe:

28 holländische □Ruthen mit 31 brandenburgischen.

Hienach hält der holländische Morgen 664,3423 brandenburgische □Ruthen, oder 3 magdeburger Morgen $124\frac{13}{33}$ brandenburgische □Ruthen.

Es vergleichen sich:

23 holländische Morgen mit 85 magdeburgischen.

§. 37.

Von dem kalenberger Flächenmaaße hält die Quadratruthe von 256 dergleichen □Fuß 1,5497234 brandenburgische □Ruthen, oder es vergleichen sich beinahe:

20 kalenbergische □Ruthen mit 31 brandenburgischen.

Der kalenberger Morgen von 120 dergleichen □Ruthen hält 185,9668 brandenburgische □Ruthen, oder 1 magdeburgischer Morgen $5\frac{30}{31}$ brandenburgische □Ruthen.

Es vergleichen sich daher:

30 kalenberger Morgen mit 31 magdeburger.

Werden auf die kalenberger Ruthe 12 kalenberger Fuß gerechnet, so hält eine solche zwölffüßige □Ruthe 0,871718 brandenburgische □Ruthen, und ein Morgen von 120 solcher zwölffüßigen □Ruthen, hält $104\frac{3}{5}$ brandenb. □Ruthen.

§. 38.

Das Flächenmaaß in Ostfrießland ist verschieden; man hat:

Magdeburger Morgen von 180 brandenburgischen □Ruthen.

Kammer-Diemat von 400 brandenburgischen □Ruthen, oder 2 magdeburger Morgen 40 brandenburgische □Ruthen.

Moor-Diemat von 450 □Ruthen, wo aber jede Ruthe 15 brandenb. Fuß lang ist. Hienach hält der Moor-Diemat $703\frac{1}{8}$ brandenb. □Ruthen, oder 3 magdeburger Morgen $163\frac{1}{8}$ brandenb. □Ruthen. Dieser Diemat wird gewöhnlich bei Vererbpachtungen großer Moor- und Heidedistrikte gebraucht.

Graß oder Graß-Diemat von 300 brandenburgischen □Ruthen, oder 1 magdeburger Morgen 120 brandenb. □Ruthen. Dieses Flächenmaaß wird jetzt nur selten gebraucht.

Außer den angeführten Flächenmaaßen kommt auch noch das Emdener oder Gröninger-Maaß vor, wo die Ruthe bald zu 12, 15 oder 16 emdener Fuß angenommen wird.

Die emdener □Ruthe der zwölffüßigen Ruthe hält 0,8663576 brandenb. □Ruthen.

Die emdener □Ruthe der funfzehnfüßigen Ruthe hält 1,3536838 brandenb. □Ruthen.

Die emdener □Ruthe der sechszehnfüßigen Ruthe hält 1,5401913 brandenb. □Ruthe.

Hienach hält ein emdener Diemat von 450 emdener □Ruthen der funfzehnfüßigen Ruthe 609,15769 brandenb. □Ruthen, oder 3 magdeburger Morgen $69\frac{3}{19}$ brandenb. □Ruthen.

Der emdener Diemat von 400 emdener □Ruthen der zwölffüßigen Ruthe hält 346,543 brandenb. □Ruthen, oder 1 magdeburger Morgen $166\frac{25}{46}$ brandenb. □Ruthen.

§. 39.

Die anspacher Quadratruthe hält 0,912723 brandenb. □Ruthen, oder es vergleichen sich beinahe:

41 anspacher □Ruthen mit 38 brandenburgischen.

Zwei anspacher Morgen, jeder zu 180 anspacher □Ruthen, geben ein Tagwerk von 360 dergleichen □Ruthen. Das Tagwerk hält 328,58028 brandenb. □Ruthen, oder 1 magdeburger Morgen $148\frac{29}{50}$ brandenb. □Ruthen.

Es vergleichen sich beinahe:

80 anspacher Morgen mit 73 magdeburgischen, oder
40 anspacher Tagwerke mit 73 magdeburger Morgen.

§. 40.

Die Einheit des neuen französischen Flächenmaaßes ist der Mètre carré, oder □ Meter, welcher ein Quadrat bildet, dessen Seite einen Meter lang ist. Die Unterabtheilungen des □ Meters erhalten ähnliche Benennungen wie §. 14., so daß ein □ Decimeter

= $\frac{1}{10}$ □Meter, ein □Centimeter = $\frac{1}{100}$ □ Meter, ein □Millimeter = $\frac{1}{1000}$ □Meter, u. s. w. ist.

Für größere Flächen, und besonders zur Bestimmung des Inhalts der Ländereien, hat man eine größere Einheit, die Are, gewählt, welche 100 □Meter enthält. Die Ober- und Unterabtheilungen dieser Are erhalten ähnliche Beiwörter wie der Meter §. 14. woraus folgende Zusammenstellung der neuen Flächenmaaße unter sich entsteht:

Myriare	=	1000000	□Meter	=	1	Kilomètre carré.
Kilare	=	100000	= =	=	10	Hectomètre carré.
Hectare	=	10000	= =	=	1	Hectomètre carré.
Décare	=	1000	= =	=	10	Décamètre carré.
Are	=	100	= =	=	1	Décamètre carré.
Déciare	=	10	= =	=	10	Mètre carré.
Centiare	=	1	= =	=	1	Mètre carré.
Milliare	=	$\frac{1}{10}$	= =	=	$\frac{1}{10}$	Mètre carré.

Zur Vergleichung des neuen Flächenmaaßes mit dem alten und mit dem brandenburgischen erhält man:

1 □ Meter	=	9,476817461	pariser □ Fuß.
	=	10,151867234	brdb. □ Werkfuß.
	=	7,049907801	brdb. □ Feldfuß.
1 pariser □ Fuß	=	0,105520656	□ Meter.
	=	1,071231695	brdb. □ Werkfuß.
	=	0,743910899	brdb. □ Feldfuß.
1 brdb. □ Werkfuß	=	0,098504046	□ Meter.
	=	0,933504866	pariser □ Fuß.
1 brdb. □ Feldfuß	=	0,141845827	□ Meter.
	=	1,344247007	pariser □ Fuß.
1 brdb. □ Ruthe	=	14,184582667	□ Meter.
	=	134,424700690	pariser □ Fuß.
1 Are . . .	=	947,681746	pariser □ Fuß.
	=	704,990780	brdb. □ Feldfuß.
	=	7,049907	brdb. □ Ruthen.
1 magdeb. Morgen	=	24196,446124	pariser □ Fuß.
	=	2553,224880	□ Meter.
	=	25,532249	Aren.

Wird nicht die größte Genauigkeit erfordert, so sind sehr nahe:

21 □ Meter	=	199 pariser	□ Fuß.
33 = =	=	335 brdb.	□ Werkfuß.
20 = =	=	141 =	□ Feldfuß.
20 Aren	=	141 =	□ Ruthen.
15 =	=	383 magdeb.	Morgen.
14 par. □ Fuß	=	15 brdb.	□ Werkfuß.
39 = = =	=	29 =	□ Feldfuß.

Zu den ältern französischen Feldmaaßen gehört der pariser Arpent von 32400 pariser □ Fuß, und der Waldarpent (l'Arpent des eaux et forêts) von 48400 pariser □ Fuß. Dieser letzte ist auch unter dem Namen Arpent legal oder Arpent royal bekannt.

§. 41.

Vergleichung einiger Flächenmaaße, welche zur Ausmessung der Felder gebraucht werden, mit brandenburgischen Quadratruthen.

	Brdb. □ Ruthen.
Anspacher Morgen	164,29
Calenberger Morgen	185,97
Churmärkische große Landfläche	400,00
Cölnischer Morgen	224,07
Cüstrinscher Kammermorgen	484,51
Culmscher Morgen, alter	395,08
= = neuer	407,46
Danziger Morgen	391,65
Emdener kleiner Diemat	346,54
Französische Are	7,05
= = Arpent legal	360,65
Holländischer Morgen	664,34
Lithauenscher Morgen	502,14
Magdeburgischer Morgen	180,00
Mühlhauser Acker	174,22
Neumärkischer großer Landmorgen . .	533,38
Nordhauser Acker	195,24

	Brdb. □Ruthen.
Obereichsfeldscher Morgen	187,50
Oletzkoischer Morgen	367,73
Ostfriesischer Graßdiemat	300,00
= = Kammerdiemat	400,00
= . = Moordiemat	703,12
Pariser Arpent	241,03
Pommersche Hägerhufe	27709,8
= = Tripelhufe	20782,3
= = Landhufe	13854,9
= = Priesterhufe	9236,6
= = Hackenhufe	6927,4
Schlesischer Morgen	394,59
Soldinischer Morgen	431,21

Nachstehende Morgen werden nach ihren landesüblichen Quadratruthen eingetheilt. Der

Anspacher Morgen	in	360	dergl.	□	Ruthen.
Braunschweiger Morgen	in	120	=	=	=
Danziger Morgen	in	300	=	=	=
Engländischer Acker (Acre)	in	160	=	=	=
Hamburger Morgen	in	600	=	=	=
Holländischer Morgen	in	600	=	=	=
Kalenberger Morgen	in	120	=	=	=
Mecklenburger Morgen	in	300	=	=	=
Nurnberger Morgen	in	200	=	=	=
Oestreich der Jochart od. Joch	in	1600	=	□	Klafter.
Sächsischer Morgen	in	150	=	□	Ruthen.

Dritter Abschnitt.

Vergleichung der Körpermaaße.

§. 42.

Zur Berechnung der Körper bedient man sich des Würfels oder Cubus; ein dergleichen Körper, dessen Seiten eine Ruthe lang sind, heißt eine Kubikruthe; sind die Seiten einen Fuß lang, ein Kubikfuß u. s. w. Statt des Worts: Kubik, bedient man sich des Zeichens □ oder eines c, so daß 17 c''' ddc. so viel als 17 zwölftheilige Kubiklinien bezeichnen.

Aus der bekannten Eintheilung des Längen- und Flächenmaaßes, ergiebt sich die des Körpermaaßes.

Bei dem zwölftheiligen brandenburgischen Kubikmaaße wird die Kubikruthe in 1728 c'; der Kubikfuß in 1728 c''; der Kubikzoll in 1728 c''' und die Kubiklinie in 1728 c'''' eingetheilt.

Von dem zehntheiligen Körpermaaß enthält die Kubikruthe 1000 c'; der Kubikfuß 1000 c''; der Kubikzoll 1000 c'''; die Kubiklinie 1000 c'''. Weil aber dieses Körpermaaß in der Ausübung nicht vorkommt, so wird man hier und in der Folge unter der Benennung: brandenburgisches Körpermaaß, lediglich das zwölftheilige verstehen.

Brandenburgisches Körpermaaß.

c Ruthe.	c Füße.	c Zolle.	c Linien.	c Skrupel.
1	1728	2985984	5159780352	8916100448256
	1	1728	2985984	5159780352
		1	1728	2985984
			1	1728

Außer den Kubikruthen kommen bei Bauen und Grabenarbeiten auch Schachtruthen vor. Diese sind eine Ruthe lang und breit, und einen Werkfuß hoch. Es enthält daher die Kubikruthe 12 Schachtruthen, und die Schachtruthe 144 Kubikfuß.

§. 43.

Die Einheit des neuen französischen Körpermaaßes ist der Kubikmeter (Mètre cubique), welcher sofern man ihn zum Ausmessen fester Körper anwendet, Stere (Stère) genannt wird. Zur Ausmessung der Hohlengemäße ist der Liter (Litre) als Einheit festgesetzt, welcher der tausendste Theil eines Kubikmeters ist.

Die verschiedenen Abtheilungen des Steres und Liters sind folgende:

Décastère	=	10 Mètre cubique.		
Stère	=	1		
Décistère	=	$\frac{1}{10}$		
Kilolitre	=	1	=	1 Stère.
Hectolitre	=	$\frac{1}{10}$	=	100 Décimètre cubique.
Décalitre	=	$\frac{1}{100}$	=	10 Décimètre cubique.
Litre	=	$\frac{1}{1000}$	=	1 Décimètre cubique.
Décilitre	=	$\frac{1}{10000}$	=	100 Centimètre cubique.

Zur Vergleichung des neuen mit dem alten französischen und dem brandenburgischen Körpermaaße erhält man:

1 Kubikmeter	=	29,173851852	pariser Kubikfuß.
	=	32,345874278	brdb. Kubikfuß.
1 Liter	=	0,029173851852	pariser Kubikfuß.
	=	50,4124160008	pariser Kubikzoll.
	=	0,032345874278	brdb. Kubikfuß.
	=	55,8936707434	brdb. Kubikzoll.
1 par. Kubikfuß	=	0,034277270107	Kubikmeter.
	=	1,108728269295	brdb. Kubikfuß.
1 brdb. Kubikfuß	=	0,030915843902	Kubikmeter.
	=	0,901934249982	pariser Kubikfuß.
1 brdb. Kubikzoll	=	0,017891114480	Kubikdecimeter oder Liter.

Wird nicht die größte Genauigkeit erfordert so sind sehr nahe:

23 Kubikmeter = 671 pariser Kubikfuß.
26 „ „ = 841 brandenb. Kubikfuß.
46 par. Kubikfuß = 51 brandenb. Kubikfuß.

§. 44.

Obgleich das brandenb. Kubikmaaß bei allen andern üblichen Körpermessungen, die bei uns vorkommen, zum Grunde liegt, so bedient man sich dennoch sowohl bei dem Getreide als auch bei mehrern andern Produkten des berliner Scheffels. Dieser Scheffel ist das allgemeine Getreidemaaß in den Königlichen Staaten, Schlesien allein ausgenommen. Schon in der Verordnung vom 2. April 1698 wird festgesetzt, daß in den hiesigen Residenzen einerlei Scheffel gebraucht werden soll; in den Edikten vom 16. Januar und 16. Juni 1713. (s. §. 17.) wird diese Verordnung aber schon dahin ausgedehnt, daß in der ganzen Mark der berliner Scheffel eingeführt werden soll. Von noch allgemeinerem Umfange ist das

Reglement vom 5. Mai 1722, wie es mit den Probe- auch andern in den Königl. Landen gebräuchlichen Scheffeln, und mit Eichung derselben, auch wenn Streitigkeit wegen des Scheffelmaaßes vorkommt, gehalten werden soll.

Der §. 2. dieses Reglements befiehlt ausdrücklich: „daß an die Hauptstädte jeder Provinz ein kupferner Scheffel berliner Maaßes gesandt, und aus der Stadt-Cämmerei bezahlt werden soll, welcher Scheffel mit dem auf dem Rathhause in Berlin vorhandenen Haupt-Probe-Scheffel de Anno 1682 richtig überein kommet."

Um nun die Größe des berliner Scheffels genau angeben zu können, so kam es darauf an, den im angeführten Reglement erwähnten Haupt-Probe-Scheffel vom Jahre 1682 aufzufinden. Allein weder auf dem berliner Rathhause, noch an einem andern Orte, wo derselbe vermuthet werden konnte, hat sich gegenwärtig ein dergleichen Scheffel aufgefunden. Der jetzt auf dem berliner Rathhause befindliche Normal-Scheffel, nach welchem die Größe aller übrigen Scheffel bestimmt wird, ist von geschlagenem Kupfer cylinderförmig angefertigt. Weil aber die horizontalen Querschnitte desselben keine vollkommene Kreisflächen geben, so ist derselbe auch keiner Ausmessung mittelst des Maaßstabes fähig, indem es unmöglich ist, zwischen den verschiedenen Durchmessern den richtigen mittleren zu finden. Dieser Scheffel ist etwa in brandenb. Werkmaaß 22 Zoll weit, und ungefähr 8 Zoll im lichten hoch; außerhalb hat er das Zeichen FWR nebst der Jahrzahl 1722, woraus hervorgeht, daß derselbe mit dem angeführten Reglement in demselben Jahre verfertigt wurde, weshalb sich sehr wahrscheinlich voraussetzen läßt, daß er mit dem Haupt-Probe-Scheffel vom Jahr 1682 übereinstimmt.

§. 45.

Bei der Ausmittelung der Größe eines unregelmäßigen Gefäßes, wo keine geometrische Berechnung nach den verschiedenen Abmessungen desselben vorgenommen werden kann, bleibt gewöhnlich nichts weiter übrig, als eine Abwiegung des Wassers, welches in dem Gefäße enthalten ist, vorzunehmen, damit man aus dem bekannten Gewichte von einem Kubikzoll oder Kubikfuß Wasser von derselben Temperatur, auf den Inhalt des Gefäßes schließen kann. Diese Abwiegung wird in den meisten Fällen nothwendig, weil selbst dann, wenn das Gefäß eine dem Anscheine nach konische, cylindrische oder andere prismatische Gestalt hat, dennoch die Ausmessung mittelst eines Maaßstabes, Stangen- oder Tasterzirkels sehr schwierig ist, und ein unbedeutender, öfters nicht meßbarer, Theil in der Höhe oder Weite, schon eine ansehnliche Differenz im körperlichen Inhalt giebt. Aber auch die Abwiegung mit distillirtem Wasser hat eigene Schwierigkeiten, weil außer mehrern andern Umständen alles darauf ankommt, daß die Oberfläche des Wassers mit dem Rande gleich hoch stehe. Hat das Gefäß einen vollkommen ebenen Rand, welchen man mit einer geschliffenen Glasplatte so bedecken kann, daß die Platte genau alle Theile des Randes berührt, so läßt sich das beinahe mit Wasser angefüllte Gefäß so stellen, daß eine mit der Glasplatte bedeckte Ecke desselben, den höchsten Stand einnimmt. Ueber dieser Ecke müssen zwei kleine Röhren durch die Glasplatte gehen, wo die eine zum Einfüllen des Wassers und die andere zum Austreten der Luft dient. Ist hiedurch das ganze Gefäß mit Wasser angefüllt, und alle Luft ausgetreten, auch die Glasplatte noch fest auf dem Rande des Gefäßes angedrückt, so daß die Platte nebst dem Gefäße außerhalb ganz trocken, so wird die ganze Vorrichtung auf eine scharfe Wage gebracht, und das Gewicht derselben bestimmt. Ist nun vorher das Gewicht des leeren Gefäßes nebst der Glasplatte und den Röhren bekannt gewesen, so findet man nach Abzug dieser Gewichte, das Gewicht des Wassers, welches im Gefäße enthalten ist. Man darf nicht befürchten, daß die Glasplatte nach vollendeter Füllung von dem Gefäße abfallen sollte, wenn man nur die Vorsicht beobachtet, die Platte sehr sanft von der Seite so weit zu verschieben, daß die Oeffnungen der Röhren keine Gemeinschaft mit dem Gefäße behalten, weil alsdann der Druck der Luft die Glasplatte so stark anpreßt, daß solche nur mit Anstrengung abgenommen werden kann.

In sehr vielen Fällen, besonders wenn man den Inhalt alter Originalgemäße finden will, ist der Rand derselben uneben, und läßt sich durch keine Glasplatte verschließen. Soll daher ein solches Gefäß genau mit Wasser gefüllt werden, und man hält sich überzeugt, daß die Vertiefungen in dem Rande des Gefäßes nicht von Abnutzungen herrühren, sondern dem ursprünglichen Gefäße schon eigen waren, so wird zuvor der innere Rand des Gefäßes benetzt, und so lange Wasser hinzugegossen, bis der Wasserspiegel eben so viel unter den höchsten Hervorragungen des Randes stehet, als er sich über den größten Vertiefungen befindet, vorausgesetzt, daß der Zusammenhang der Wassertheile kein Ueberfließen befürchten läßt, und daß der Rand vorher eine möglichst horizontale Stellung erhalten hat, welche mittelst einer Setzwaage bewirkt werden kann. Weil es aber hiebei darauf ankommt, das Gewicht des Wassers zu finden, so muß diese Arbeit auf der schwebenden Waageschale vorgenommen werden, und dann ist es äußerst schwierig und ermüdend, wenn der Versuch gelingen soll. Um die Abwiegung des Wassers mit mehrerer Bequemlichkeit zu verrichten, kann man folgendes Verfahren beobachten:

Zuerst wird das Originalgemäß, dessen Inhalt man bestimmen will, ganz trocken ohne Wasser gewogen. Hierauf wird solches auf die Wageschale gesetzt, auf etwa $\frac{2}{3}$ oder $\frac{3}{4}$ seines Inhalts mit Wasser angefüllt, und das Gewicht des zugegossenen Wassers bestimmt. Nun wird das Gefäß von der Wageschale abgenommen, und auf ein festes Unterlager mit dem Rande so viel wie möglich horizontal gestellt. Man nehme ein zweites Gefäß, dessen Inhalt beinahe noch einmal so groß ist, als das im Originalgemäße noch fehlende Wasser, fülle dasselbe etwa auf $\frac{2}{3}$ seines Inhalts mit Wasser, und bestimme auf der Wage das Gewicht dieses Gefäßes, nebst dem darin enthaltenen Wasser; wozu man auch zugleich eine kleine blecherne Kanne legen kann, welche zum Ausleeren des Gefaßes gebraucht wird. Das Gewicht des zweiten Gefäßes nebst dem darin enthaltenen Wasser und der kleinen Kanne wird summarisch angemerkt, und das Gefäß selbst neben das Originalgemäß gesetzt, welches alsdann aus dem Gefäße, mittelst der kleinen Kanne so lange behutsam mit Wasser angefüllt wird, bis der Wasserspiegel die erforderliche Höhe hat. Setzt man nun das zweite Gefäß mit dem noch übrigen Wasser und der kleinen Kanne auf die Wage, so läßt sich der Abgang des Wassers bestimmen, und wenn dieser Abgang zu dem Gewicht des Wassers hinzugesetzt wird, welches zuerst in das Originalgemäß gefüllt worden, so erhält man mit möglicher Genauigkeit, das Gewicht des Wassers in dem zu untersuchenden Originalgemäße.

Noch erfordert die Bestimmung des Inhalts eines Gemäßes durch Abwiegung des darin enthaltenen Wassers, daß man sich hiezu des reinsten destillirten Wassers bediene, und daß vorher das Gewicht von einem Kubikfuß oder Kubikzoll dieses Wassers bei eben der Temperatur, in welcher die Versuche mit dem Gefäße angestellt werden, bekannt ist. Zur Bestimmung des Gewichts vom destillirten Wasser, bedient man sich gewöhnlich metallner Würfel, aus deren Abmessungen man ihren Inhalt unmittelbar finden kann. Aber eben diese Ausmessung und die Versicherung, ob der Körper vollkommen regelmäßig ist, und seine Flächen eben sind, macht viele Schwierigkeiten, und die vielerlei sehr abweichende Angaben von dem Gewichte eines Kubikfußes destillirten Wassers, sind Folge davon. Es ist daher nöthig, wenn man sich von der Richtigkeit des Würfels überzeugen will, daß derselbe in eine metallene Hülse vollkommen luftdicht hinein gebracht werden kann, man mag ihn mit einer oder der andern Seitenfläche zuerst in die Hülse hinein bringen.

§. 46.

Weil sich die Größe des vorbeschriebenen Normal-Scheffels, wegen seiner unregelmäßigen Weite durch Ausmessung mit dem Maaßstabe nicht genau angeben ließ, so blieb mir nichts übrig, als seinen Inhalt durch Abwiegung mit destillirtem Wasser zu bestimmen. Diese Ausmittelung erforderte aber, daß zuvor das Gewicht von einem brandenburgischen Kubikfuß dieses Wassers bekannt war. Hierüber haben zwar die Hrn. Karsten (Kurzer Entwurf der Naturwissenschaft, Halle 1785. 8. §. 34.) und Silberschlag (Schriften der berlinischen Gesellschaft naturforschender Freunde. Vierter Band.

Berlin 1783. 8. S. 29.) schon Versuche angestellt, um aber bei dieser für das allgemeine Beste höchst wichtigen Untersuchung, keinen Umstand, welcher auf eine irrige Bestimmung führen könnte, ohne eigene Prüfung zu übergehen, wurde zuvor ein messingener brandenburgischer Kubikzoll, welchen der hiesige geschickte Mechanikus Hr. Gniser mit der größten Sorgfalt angefertigt hatte, durch Vergleichung mit dem hiesigen brandenb. Normalfuß auf das strengste geprüpft und richtig gefunden. Bei dieser Prüfung sowohl als auch bei der Ausmittelung des Inhalts vom Scheffel und Quart im Jahr 1797, war der beim hiesigen hochlöbl. Berg- und Hütten-Departement stehende Geheime Oberbergrath Hr. Karsten zugegen, welcher mit mir und dem Hrn. Gniser alle Sorgfalt anwandte, damit auch nicht der kleinste Umstand vernachläßiget wurde.

Die Temperatur des zu den Versuchen angewandten destillirten Wassers betrug 14 Grad nach dem reaumürschen Quecksilberthermometer, und man fand mittelst einer sehr empfindlichen Wage, und durch Anwendung der auf dem hiesigen Ajustiramte befindlichen Probegewichte, bei wiederholten Versuchen, den Verlust des messingenen Kubikzolles im Wasser, genau 288 Gran Medizinalgewicht, wobei $\frac{1}{5}$ Gran mehr oder weniger schon einen merklichen Ausschlag gab. Die angeführten Silberschlagschen Versuche geben einen Gran mehr, und die Karstenschen etwas weniger; da es aber unbestimmt ist, ob der bei diesen Versuchen zur Ausmessung des Kubikzolles angewandte Maaßstab, genau das §. 3. angebene Verhältniß hatte, und ob auch die gebrauchten Gewichte genau mit den hiesigen Normal-Gewichten, deren Verhältniß im folgenden Abschnitt bestimmt wird, übereinstimmten, so lassen sich die Gründe dieser Abweichung nicht einsehn.

Weil 5 Gran Medizinalgewicht mit 87 Richtpfennig des cöln. Markgewicht übereinkommen, so wiegt der brandenb. Kubikzoll destillirtes Wasser bei der angegebe-

nen Temperatur, 5011$\frac{1}{5}$ Richtpfennig, also der brandb. Kubikfuß 8659354 Richtpfennig, oder
66,0656 od. beinahe 66$\frac{1}{15}$ ℔ cöln. Markgew., oder
65,9368 od. beinahe 65$\frac{15}{16}$ ℔ berlin. Handelsgewicht.

§. 47.

Zur Vergleichung der Ausmittelung im vorhergehenden §. von dem Gewichte eines brandenb. Kubikzolles Wasser mit den neusten Pariser Versuchen, welche bei der letzten §. 14. angeführten Anordnung der neusten Maaße und Gewichte angestellt sind, und wobei das destillirte Wasser im Zustande seiner größten Verdichtung bei 3$\frac{1}{5}$ Grad des Reaumürschen Quecksilberthermometers abgewogen wurde, setzte man das Gewicht von einem Kubikdezimeter oder Liter des dichtesten Wassers im luftleeren Raume, dem Kilogramm oder 1000 Grammen gleich. Nun ist (§. 43.) 1 brandenburgischer Kubikzoll = 0,01789111448 Liter, daher 1 brandenburgischer Kubikzoll dichtes Wasser = 0,01789111448 Kilogramm = 17,89111448 Grammen. Verwandelt man diese Grammen nach der IIIten Tafel in cölnische Richtpfennige, so erhält man für das Gewicht eines brandenb. Kubikzolls des dichtesten destillirten Wassers 5014,7798 Richtpfennige. Weil aber der im vorigen §. angeführte Versuch bei 14 Grad des Reaum. Thermometers angestellt worden ist, so muß vorher dieses Gewicht für den angegebenen Thermometergrad bestimmt werden. Nach den Gilzinschen Versuchen (Gren, Neues Journal der Physik, 2. Band, Leipzig 1795. S. 374 und 75) ist 1,00094 das eigenthümliche Gewicht des dichtesten Wassers, wenn 0,99976 dieses Gewicht bei der Temperatur von 14 Grad Reaumür bezeichnet; wird nun das eben gefundene Gewicht des dichtesten Wassers in diesem Verhältniß vermindert, so erhält man 5011,12 cöln. Richtpfennig für das Gewicht des brandenb. Kubikzolls destillirtes Wasser, bei einer Temperatur von 14 Grad, welches mit 5011$\frac{1}{5}$ so gut übereinstimmt, als man bei der mehrmaligen Verwand=

lung aus einem Maaße und Gewichte in das andere nur erwarten kann.

§. 48.

Nachdem auf die §. 46. beschriebene Art das Gewicht eines brandenb. Kubikfußes destillirten Wassers genau bestimmt war, so konnte nun zur Ausmittelung der Größe des berliner Scheffels geschritten werden. Hiebei ist zu bemerken, daß die Abwiegung desselben mit Wasser die größte Behutsamkeit erfordert. Zu diesem Ende wurde die auf dem hiesigen Ajustirungs-Comptoir befindliche sehr genau gearbeitete Probewage, nebst den berliner Original-Richtgewichten angewandt, und nachdem der trockene kupferne Scheffel zuvor mit andern Gewichten auf dem Wagebalken ins Gleichgewicht gebracht und vollkommen horizontal gestellt war, wurde mit der größten Behutsamkeit Wasser in denselben gegossen, damit nichts an den Seiten vorbei floß, oder den Wagebalken benetzte. Auch war es nöthig den obern innern Rand des Scheffels zu benetzen, damit wenn die Oberfläche des Wassers in der Mitte, mit dem höchsten Rande des Scheffels gleiche Höhe hatte, an den Seiten die Bildung einer converen Oberfläche des Wassers vermieden wurde. Hienach fand sich durch Abwiegung mit dem berliner Probe-Gewicht, daß der §. 44. beschriebene Probe-Scheffel, wenn er so mit Wasser angefüllt wurde, daß die Oberfläche desselben genau mit dem höchsten Rande gleich hoch und wagerecht stand, in berliner Handelsgewicht 116 Pfund $23\frac{1}{5}$ Loth destillirtes Wasser bei 14 reaumürschen Graden Temperatur enthielt. Hieraus findet man aus dem bekannten Gewichte eines Kubikzolls destillirten Wassers, den Inhalt des berliner Probe-Scheffels $3058\frac{13}{14}$ brandenb. Kubikzoll, oder sehr nahe $1\frac{57}{74}$ brandenb. Kubikfuß.

In französischem Maaße findet man durch die gehörige Verwandelung, daß der richtige berliner Scheffel $2758\frac{20}{21}$ pariser Kubikzolle enthält. Wie abweichend die bisherigen Angaben über die Größe des berliner Scheffels sind, läßt sich daraus beurtheilen, daß derselbe nach

v. Münchhausen	2571	par.	K. Zoll.	(Hausv. 1. Th. S. 624.)
Kruse . . .	2604	=	=	(Contor. 1. Bd. S. 433.)
Nelkenbrecher	$2741\frac{1}{2}$	=	=	(Taschenb. S. 30.)
Gerhard . .	$2741\frac{1}{2}$	=	=	(Contor. 1. Bd. S. 47.)
Hube . . .	2750	=	=	(Landw. 2. Bd. S. 232.)
Wilhelm . .	$2766\frac{3}{4}$	=	=	(De mensuris. p 22.)

an Inhalt enthalten soll. Die letztere Angabe gründet sich auf eine in Preußen veranstaltete Ausmessung eines nach dem hiesigen verfertigten Scheffels. In Krünitz Encyklopädie 45ster Theil, Art. Kornmaaß, S. 678. wird die Größe des berliner Scheffels ebenfalls nur zu $2741\frac{1}{2}$ pariser Kubikzolle angegeben, dabei aber erinnert, daß er vormals 2750 dergleichen Zolle enthalten habe.

§. 49.

Wenn nun den angeführten Untersuchungen zufolge, die Größe des berliner Scheffels keinem Zweifel mehr unterworfen ist, so entsteht die Frage, welche Form und Abmessung ein Probescheffel erhalten müsse, welcher dem berliner Haupt-Probescheffel gleich sei. Die gewöhnliche Gestalt der Scheffel ist die cylinderförmige; sie hat aber die Unbequemlichkeit, daß so wenig bei hölzernen als metallenen Scheffeln zu erwarten stehet, daß die innere Weite an allen Orten gleich groß sei, das heißt, daß jeder wagerechte Querschnitt eine vollkommene Kreisfläche bilde, und alle diese Querschnitte einander gleich wären. Hiedurch wird die Eichung eines solchen Scheffels außerordentlich erschwert, und da dieselben meistentheils von Holz verfertigt werden, so bleibt zur Bestimmung ihrer Größe nichts anders übrig, als sie, wie es bisher geschehen, mit Hirse, Leinsaamen oder Rübsaamen auszumessen, welches aber ein sehr unsicheres Verfahren ist, da die geringste Erschütterung oder ein schnelleres Einschütten der Körner, allemal eine andere Größe für den Scheffel giebt.

Um dieser Unbequemlichkeit vorzubeugen, und da überdies das Holz, welches zu den runden Scheffeln erforderlich ist, immer seltener wird, so scheint es am gerathensten zu seyn, wenigstens den Probescheffeln eine viereckigte *) Gestalt in Form eines Paralellepipeden zu geben. Hienach würde erfordert, damit der Scheffel $3058\frac{13}{14}$ brandenb. Kubikzoll an Inhalt enthalte, daß derselbe im lichten

15 Werkzoll lang,
15 Werkzoll breit, und
13 Werkzoll $7\frac{1}{7}$ Linie hoch werde.

Die einzige Unbequemlichkeit, die aus dem allgemeinen Gebrauche des viereckigten Scheffels entstehet, ist die, daß wenn Früchte von beträchtlicher Größe, z. B. Aepfel, Rüben, Kartoffeln ꝛc. darin gemessen werden, der viereckigte Scheffel bei gleichem Inhalte eine geringere Quantität dieser Früchte enthält, als wenn solche nach einem eben so großen runden Scheffel ausgemessen werden. Dahingegen ist in Absicht des Getreides kein Unterschied, ob solches in einem viereckigten oder runden Scheffel ausgemessen wird, wenn nur die Querschnitte beider Scheffel gleich groß sind.

Soll daher der viereckigte berliner Scheffel mit dem runden kupfernen Probescheffel gleichen Querschnitt haben, so läßt sich annehmen, daß der Probescheffel, wenn unter seinen verschiedenen Durchmessern eine Mittelzahl genommen wird, 22 brdb. Werkzolle im Durchmesser halte. Hienach ist erforderlich, daß der viereckigte Scheffel, welcher $3058\frac{13}{14}$ brdb. Kubikzoll an Inhalt haben soll,

$19\frac{1}{2}$ Werkzoll lang,
$19\frac{1}{2}$ Werkzoll breit, und
$8\frac{2}{45}$ Werkzoll hoch werde.

---

*) Der Ausdruck viereckigt von einem Parallelepipeden ist zwar unrichtig, und man müßte achteckig sagen; es steht aber zu befürchten, daß dieser Ausdruck nicht allgemein verstanden wird.

Die Höhe noch genauer zu bestimmen, würde ohne Nutzen seyn, weil man in der Ausübung schon Schwierigkeiten hat $\frac{2}{45}$ Zoll abzumessen, wofür auch ohne Nachtheil $\frac{1}{2}$ Linie genommen werden kann, in welchem Fall der Fehler $\frac{1}{30}$ Linie beträgt.

Sollte ein cylindrischer Scheffel verfertigt werden, dessen Querschnitt und Höhe so viel wie möglich mit dem kupfernen Probescheffel übereinstimmen, so wird unter der Voraussetzung, daß der zu verfertigende Scheffel ein vollkommener Cylinder sey, erfordert, daß seine

Weite 22 Werkzoll und

Höhe $8\frac{3}{7}$ Werkzoll betrage.

Diese Höhe wird sich ebenfalls nicht leicht von einem Maaßstabe abnehmen lassen, daher man auch hiebei, mit einem geringen Fehler von $\frac{1}{10}$ Linie, die Höhe auf 8 Zoll und $\frac{1}{2}$ Linie annehmen kann.

Die Seite eines Würfels, welcher genau einen berliner Scheffel enthalten soll, muß 14,516 brandenb. Werkzoll lang seyn. Dies gibt ein leichtes Mittel an die Hand, mit Hülfe eines solchen Maaßstabes, den Inhalt eines Getreidehaufens in Scheffeln zu finden, ohne das Getreide mit einem Scheffel zu messen.

§. 50.

Der berliner Scheffel wird in 4 Viertel, (Viert); das Viertel in 4 Metzen, und die Metze in 4 Mäßchen getheilt; indessen ist die Benennung der Mäßchen nicht sehr im Gebrauche, und man theilt die Metze meistentheils in halbe, viertel und achtel Metzen.

Vierundzwanzig Scheffel geben einen Winspel *), und auf den Winspel werden zwei Malter oder Drömt gerechnet, welche Unterabtheilung aber ebenfalls nicht sehr im Gebrauch ist. Die Last Roggen und Weitzen wird zu drei, die Last Gerste und Hafer aber nur zu zwei

*) Daß schon im Jahr 1375 der Winspel (Chorus) 24 Scheffel (Modius) in der Mark Brandenburg gehalten hat, ersieht man aus dem Landbuch des Kurfürstenthums und der Mark Brandenburg, von Kaiser Karl IV rc. Seite 6.

Winspel gerechnet. Noch häufiger rechnet man auf die Last 60 Scheffel Getreide, welche $106\frac{1}{5}$ brandenb. Kubikfuß Inhalt haben.

Winspel.	Malter.	Scheffel.	Viertel. (Viert.)	Metzen.	Mäßchen. (Viertel-Metze.)
1	2	24	96	384	1536
	1	12	48	192	768
		1	4	16	64
			1	4	16
				1	4

Hienach hält,

der Winspel 42,485 oder beinahe $42\frac{1}{2}$ Kubikfuß, oder $73414\frac{2}{7}$ brdb. Kubikzoll;
das Malter $36707\frac{1}{7}$ = =
der Scheffel $3058\frac{13}{14}$ = =
das Viertel $764\frac{41}{56}$ = =
die Metze $191\frac{41}{224}$ = =
das Mäßchen $47\frac{713}{896}$ = =

Man rechnet im Durchschnitt auf den gestrichenen berliner Scheffel 85 Pfund Weitzen, 80 Pfund Roggen, 69 Pfund Gerste oder 50 Pfund Hafer, berliner Handelsgewicht.

Im Durchschnitt rechnet man, daß der Kubikfuß Roggen $45\frac{1}{5}$ berliner Pfund wiege.

Bei der Vergleichung des gestricheneren Maaßes mit dem gehäuften, werden 5 gestrichene Scheffel auf 4 gehäufte gerechnet.

§. 51.

Außer dem berliner Scheffel hatten die meisten Städte der Mittelmark, Uckermark, Altemark und Prignitz ihre eigenen Scheffel, deren Größe in dem §. 44. angeführten Reglement vom 5. May 1722 nach berliner Metzen angegeben ist. Um solche in brandenb. Kubikzollen auszudrücken, ist die letzte Kolumne noch beigefügt worden.

Namen der Städte.	Ein Scheffel hält.	
	berl. Metzen.	brdb. Kub. Zoll.
Alt- und Neustadt Brandenburg	$15\frac{3}{8}$	2939, 439
Frankfurt an der Oder . .	$15\frac{3}{4}$	3011, 133
Potsdam	$15\frac{1}{2}$	2963, 337
Müncheberg	$15\frac{7}{8}$	3035, 031
Rathenow	$14\frac{3}{4}$	2819, 950
Fürstenwalde	$15\frac{7}{8}$	3035, 031
Neustadt-Eberswalde . .	$15\frac{3}{4}$	3011, 133
Ruppin	$15\frac{3}{4}$	3011, 133
Wusterhausen	$16\frac{3}{4}$	3202, 316
Prenzlow	$16\frac{1}{4}$	3106, 724
Liechen	$17\frac{1}{4}$	3297, 907
Stendal	$13\frac{1}{2}$	2580, 971
Alt- und Neustadt Salzwedel	14	2676, 562
Gardelegen	$14\frac{1}{2}$	2772, 154
Tangermünde	$13\frac{1}{16}$	2497, 328
Seehausen	$14\frac{1}{8}$	2700, 460
Osterburg	14	2676, 562
Werben	$14\frac{1}{2}$	2772, 154
Perleberg	$14\frac{1}{2}$	2772, 154
Pritzwalk	$14\frac{1}{2}$	2772, 154
Kyritz	$14\frac{3}{4}$	2819, 950
Lentzen	$15\frac{5}{8}$	2987, 235
Havelberg	15	2867, 745
Beeskow	$16\frac{1}{8}$	3082, 826
Storkow	$16\frac{1}{2}$	3154, 520

Der alte magdeburgische Scheffel hält $13\frac{5}{7}$ berliner Metzen.

§. 52.

Die Größe der vormals in der Neumark gebräuchlichen Getreidemaaße, ist in einem Berichte der Kurmärkschen Landschaft vom 27. November 1713 angegeben, und dabei angeführt, daß durch eine Deputation der Landschaft und des berliner Magistrats die eingesandten Scheffel, Ellen und Gewichte in eben dem Jahre geprüft sind. Nachstehende Tafel enthält die angegebenen Resultate:

Namen der Oerter.		hält berliner	
		Scheffel.	Metzen.
Cottbus	Scheffel	1	$12\frac{7}{8}$
Crossen	=	2	$5\frac{1}{4}$
Cüstrin	=	—	$15\frac{1}{2}$
Drossen	=	1	$\frac{1}{4}$
Friedeberg	=	—	$15\frac{1}{2}$
Schiefelbein	=	—	$15\frac{3}{8}$
Woldenberg	=	—	$15\frac{1}{2}$
Züllichau . . .	großer Scheffel	2	5

Hienach hält der vormalige

Cottbusser Scheffel . .	4979	pariser	Kubikzoll
Crossener = . .	6423	=	=
Cüstriner = . .	2673	=	=

§. 53.

In Pommern sind vormals vorzüglich der stettiner und colberger Scheffel im Gebrauch gewesen. Der alte stettiner Scheffel, deren 12 ein Drömt oder Malter ausmachen, ist $1\frac{7}{12}$ Metzen kleiner als der berliner, und hält daher 2756,2 brdb. oder 2485,9 pariser Kubikzoll. Nach Kruse (Contor. 1. B. S. 439.) soll derselbe 2604, und nach Gerhard (Contor 1. B. S. 365.) 2470 pariser Kubikzoll enthalten.

Der alte colbergsche Scheffel ist $2\frac{2}{5}$ Metzen kleiner als der berliner; hienach hat derselbe an Inhalt 2549,1 brdb. oder 2299,1 pariser Kubikzoll. Nach Kruse (Contor. 1. B. S. 433.) ist derselbe zu 2505, und nach Gerhard (Contor 1. B. S. 365.) zu 2256 pariser Kubikzoll angegeben.

Vergleichung der alten pommerschen Scheffel mit dem berliner.

Namen der Oerter.		Ein alter Scheffel hält Berliner Scheffel	Ein alter Scheffel hält Berliner Metzen
Stadt Stargard, Massow, Freyenwalde, Zachen, Jacobshagen und die umliegenden Kreise, nebst den Aemtern Sazig, Marienflies und Massow . . .	Roggen	—	$15\frac{1}{9}$
	Hafer	1	$4\frac{1}{10}$
Stadt Colberg, das Stift, die Probstei und die Aemter Sukow, Sulzhorst und Treptow, excl. bei letzterm der Hafer-Scheffel	Roggen	—	$13\frac{1}{6}$
	Hafer	1	$\frac{1}{2}$
Kreis u. Stadt Greifenberg	Roggen	—	$13\frac{15}{16}$
	Hafer	1	$4\frac{29}{32}$
Stadt und Amt Cöslin .	Roggen	—	$15\frac{1}{2}$
Hafer	die Stadt	1	
	das Amt	1	2
Stadt Treptow	Roggen	—	$13\frac{4}{5}$
	Hafer	1	$4\frac{7}{30}$
„ Rügenwalde . .	Roggen	—	$13\frac{3}{4}$
	Hafer	1	$3\frac{3}{8}$
„ Pyritz	Roggen	—	$15\frac{1}{10}$
	Hafer	1	4

Namen der Oerter.		Ein alter Scheffel hält Berliner Scheffel	Metzen.
Stadt Schlage . . .	Roggen	—	$14\frac{1}{4}$
= Beigard, Amt u. Kreis =		—	$14\frac{7}{8}$
	Hafer	1	$6\frac{5}{16}$
= Neu-Stettin, das Amt, und Ratzebuhr . .	Roggen	1	$\frac{1}{2}$
	Hafer	1	$4\frac{1}{2}$
Camin	Roggen	—	$15\frac{1}{2}$
	Hafer	1	$7\frac{1}{2}$
Greifenhagen . . .	Roggen	—	15
	Hafer	1	$6\frac{1}{2}$
Stadt Naugardten . .	Roggen	—	$15\frac{17}{24}$
	Hafer	1	$7\frac{9}{16}$
= Bahn	Roggen	—	$15\frac{1}{3}$
	Hafer	1	7
= Lauenburg . .	Roggen	1	$\frac{11}{16}$
	Hafer	1	$9\frac{11}{32}$
= Cörlin	Roggen	—	$14\frac{1}{8}$
	Hafer	1	4
= Zahnow	Roggen	—	$14\frac{5}{8}$
	Hafer	1	$5\frac{15}{16}$
= Plath	Roggen	—	$14\frac{6}{7}$
	Hafer	1	$6\frac{2}{7}$
= Labes, Wangerin	Roggen	1	$\frac{3}{5}$
	Hafer	1	$8\frac{9}{10}$
= Bublitz und Amt .	Roggen	—	$13\frac{29}{32}$
	Hafer	1	$4\frac{55}{64}$
= Poltzien und Kreis	Roggen	—	$15\frac{21}{32}$
	Hafer	1	$4\frac{1}{2}$
= Stolpe, Amt u. Kreis	Roggen	—	$13\frac{1}{2}$
	Hafer	1	—
Domkapitel Camin . .	Roggen	—	$15\frac{31}{64}$
	Hafer	1	$4\frac{7}{8}$

Namen der Oerter.		Ein alter Scheffel hält Berliner Scheffel.	Ein alter Scheffel hält Berliner Metzen.
Amt Rügenwalde . .	Roggen	—	$13\frac{3}{4}$
	Hafer	—	$15\frac{1}{16}$
= Treptow . . .	Hafer	1	$6\frac{3}{4}$
= Wildenbruch . .	Roggen	—	$15\frac{1}{16}$
	Hafer	1	$6\frac{19}{32}$
Schloßgesessene zu Plath	Roggen	—	12
	Hafer	1	2
Stadt Alt-Stettin, Dam, Pancun, Neuwarp u. Pölitz; Amt Stettin, Stepnitz und Jasenitz; auch der Randowsche Distrikt	Roggen	—	$14\frac{5}{12}$
	Hafer	1	$3\frac{1}{16}$
Stadt Anclam, Demmin, Treptow; Kreis Anclam, Demmin; Amt Stolpe, Klempenow, Treptow, Lindenberg, Verchen und der Antheil von Loitz . . .	Roggen	—	$13\frac{1}{24}$
	Hafer	1	—
(Dieser Scheffel kommt auch unter dem Namen des Vorpommerschen vor.)			
Stadt und Amt Wollin .	Roggen	—	$15\frac{15}{32}$
	Hafer	1	$6\frac{47}{64}$
= Gartz	Roggen	—	$15\frac{5}{24}$
	Hafer	1	$6\frac{13}{16}$
= Usedom . . .	Roggen	—	$15\frac{14}{23}$
	Hafer	1	$6\frac{37}{40}$
= Ueckermünde .	Roggen	—	$15\frac{1}{4}$
	Hafer	1	—
= Gollnow . . .	Roggen	—	$14\frac{27}{32}$
	Hafer	1	$6\frac{17}{64}$
= Pasewalk . . .	Roggen	—	$15\frac{9}{10}$
	Hafer	1	6

Die

Die vorstehende Vergleichung ist unterm 28. Dec. 1725 durch die Königl. Kriegs- und Domainen-Kammer zu Stettin bekannt gemacht worden, und Quickmann hat solche in seiner Sammlung pommerscher Edikte, (Frankfurt an der Oder 1750. 4.) Seite 1090 und 1091 abdrucken lassen.

§. 54.

Die in Preußen vormals gebräuchlichen Getreide-Maaße sind mit Rücksicht auf die danziger und polnischen folgende:

1) Der culmer Scheffel, wovon das Original in Culm auf dem Rathhause noch wohl aufbewahrt wird, war sonst in Westpreußen im Gebrauche. Er ist aus Metall gegossen, cylindrisch geformt, mit dem kreuzherrlichen Wappen versehen, und soll nach Herrn Hube (Landw. 2. Bd. S. 228. u. f.) wenn er gestrichen ist, 2673 pariser Kubikzoll halten, wobei angeführt wird, daß die cylindrische Höhlung desselben $13\frac{1}{2}$ culmer Zoll weit und $8\frac{3}{4}$ dergleichen Zoll hoch sei. Setzt man nach §. 9. den culmer Zoll = 0,918 brandenburgische, so gibt dies zur Weite 21,573 und zur Höhe 8,0325 brandenb. Werkzoll. Hienach ist aber der Inhalt des gestrichenen culmer Scheffels 2936 brdb. oder 2648 pariser Kubikzoll, welches von der zuerst angeführten Hubeschen Bestimmung um 25 Kubikzoll abweicht.

Nach einer von mir im Jahr 1799 in Culm auf dem Rathhause vorgenommenen Ausmessung des Originalscheffels, mittelst eines genauen brandenb. Maaßstabes, fand ich dessen Weite 21,62 und die mittlere Höhe 7,96 Werkzoll. Dieses gibt zum Inhalte des gestrichenen culmer Scheffels 2928 brandenburgische oder 2641 pariser Kubikzoll.

Da nun der nach den Hubeschen Angaben berechnete Inhalt des Scheffels nur einen Unterschied von 7 pariser Kubikzoll gegen die zuletzt angeführte Ausmittelung gibt, so läßt sich der gestrichene culmer Scheffel mit Sicherheit 2644 pariser Kubikzoll groß annehmen, und dies bestimmt zugleich die Größe des ältesten danziger Scheffels, weil dieser mit dem gestrichenen culmer Scheffel überein kommt.

Der eigentliche altculmer Scheffel hat einen größern Inhalt als der vorhin angegebene, weil derselbe in sofern er als culmer Getreidemaaß gelten sollte, nicht ganz abgestrichen wurde. Wie weit dies Abstreichen geht, ist durch einen eisernen Haken an dem Streichholze, welches sich bei dem Originalscheffel befindet, angegeben, indem das Ende dieses Hakens beim Abstreichen genau in einen Einschnitt, der sich in einer Erhöhung am Rande des Scheffels befindet, einpassen muß. Die größte Entfernung des Streichholzes vom noch nicht abgestrichenen Rande des Scheffels beträgt alsdann $10\frac{7}{8}$ brandenb. Werkzoll, und derjenige Theil Getreide, welcher noch über dem Rande des Scheffels übrig blieb, hieß das Bürgerbeste, und gibt den Unterschied zwischen dem ältesten danziger und dem culmer Scheffel an. Es ist mißlich dieses Bürgerbeste genau zu bestimmen, man rechnet aber gewöhnlich daß es $1\frac{3}{8}$ culmer Stof betragen habe. Da nun der culmer Stof 72 pariser Kubikzoll hält (§. 70.) so findet man für den Inhalt des Bürgerbesten 99 pariser Kubikzoll, also für den Inhalt des altculmer nach der Vorschrift gehäuften Scheffels 2743 pariser Kubikzoll.

2) Der thorner Scheffel soll zwar dem, nach Vorschrift, gehäuften culmer Scheffel gleich seyn. Allein es ist bekannt genug, wie sehr Gemäße, welche einander gleich seyn sollen, öfters von einander abweichen, und da überdies die Bestimmung des sogenannten culmer Bürgerbesten ziemlich willkürlich ist, so scheint es am zuverläßigsten zu seyn, die Größe des thorner Scheffels nach dem alten in Thorn befindlichen Originalscheffel zu bestimmen, welcher nach den Ausmittelungen des Hrn. Hube (Landw. 2. B. S. 230.) 2762 pariser Kubikzoll enthält, so daß der thorner gestrichene Scheffel 2762 pariser Kubikzoll groß anzunehmen ist.

3) Der ganz alte vormalige danziger Scheffel, soll mit dem gestrichenen culmer Scheffel überein kommen. Nach einer Ausrechnung von Hanow, die sich auf die in der Ordonanz vom Jahr 1720 enthaltenen, und vom Magistrat bestimmten Abmessungen des danziger Scheffels gründet, (Vergleichung der danziger Maaße und Gewichte; im ersten Theile der Abhandlungen der naturforschenden Gesellschaft daselbst, §. 20. S. 98.) soll derselbe aber 2759 bis 2762 pariser Kubikzoll gehalten haben, so daß hienach der ganze alte danziger Scheffel mit dem thorner von gleicher Größe ist. Dieser ganz alte danziger Scheffel ist aber nach der Zeit abgeschaft worden, und Hanow hat den veränderten danziger Richtscheffel, welcher jetzt noch unter dem Namen des danziger Scheffels bekannt ist, ausgemessen, und ihn $2606\frac{1}{2}$ par. Kubikzoll groß gefunden. (a. a. O. S. 99. wenn der daselbst befindliche und angemerkte Druckfehler verbessert wird.) Nach einer andern Anführung von Hanow (dienliche Anmerkungen bei den Getreidewagen; im 2ten Theile der angeführten Abhandlungen, §. 10. S. 231.) werden 60 danziger Scheffel auf die amsterdammer Last gerechnet, welches auch jetzt noch der Fall ist, indem noch 60 dergleichen Scheffel auf diese Last verschifft werden. Hienach wären 60 danziger Scheffel = 108 amsterdammer; aber 1 amsterdammer Scheffel = 1443 pariser Kubikzoll (§. 70.) daher
$\frac{108 \cdot 1443}{60} = 2597\frac{2}{5}$ pariser Kubikzoll für den danziger Scheffel, welches nur um $9\frac{1}{10}$ Kubikzoll von der hanowschen Angabe verschieden ist.

4) Der alte vormalige königsberger Scheffel, von welchem ein metallnes Muster auf dem altstädtschen Rathhause in Königsberg aufbewahrt war, ist vor der Einführung des berliner Scheffels daselbst im Gebrauch gewesen. Die Größe des königsberger Scheffels findet man nach Wilhelms Angaben (De mens. reg. boruss. p. 22.) 2604 pariser Kubikzoll, welche nach eben

diesen Angaben mit 36 culm. Stofen überein kommen sollen. Er diente beim Einkauf, wogegen der Scheffel zum Verkauf 37 culm. Stof gehalten haben soll.

5) Die Größe der vormals üblichen Scheffel in den vorzüglichsten Städten des ehemaligen Bisthums Ermeland in Ostpreußen, ist in nachstehender Tafel nach berliner Maaße enthalten. Die Angaben gründen sich auf offizielle Ausmittelungen.

Namen.	Ein Scheffel hält berliner Maaß.	
	Scheffel.	Metzen.
Stadt und Amt Allenstein . .	1	4
= = = Braunsberg . .	—	$15\frac{1}{6}$
= = = Frauenburg . .	—	$15\frac{1}{3}$
= = = Guttstadt . . .	1	$2\frac{5}{8}$
= = = Heilsberg . .	1	$2\frac{1}{12}$
Stadt Bischoffstein	1	$4\frac{1}{3}$
Stadt und Amt Mehlsack . . .	1	$1\frac{1}{3}$
= = = Rössel	1	4
= = = Seeburg . . .	1	$3\frac{2}{3}$
Stadt Bischofsburg	1	$8\frac{1}{3}$
Stadt und Amt Wartenburg . .	1	$4\frac{1}{4}$
= = = Wormditt . .	1	$1\frac{1}{3}$

6) Das polnische Getreidemaaß hat nachstehende Eintheilung:

Last. Łaszt.	Scheffel. Korcy.	Viertel. Ćwierci.	Garnitzen. Garcy.	Quarte. Kvarty.
1	30	120	960	3840
	1	4	32	128
		1	8	32
			1	4

Wegen der Ungewißheit über die Größe des warschauer Scheffels, ist von der vormaligen südpreußischen Eichungskommission, durch Abwiegung mit destillirtem Wasser, bei einer Temperatur von 10 Grad Reaumür, der Inhalt einer alten warschauer Normalgarnitze (Garniec) genau 190 pariser Kubikzoll gefunden worden. Hiemit stimmt auch die Hubesche Angabe (Landw. 2. Bd. S. 270.) nahe genug überein, nach welcher auf die Garnitze 189, 2 pariser Kubikzoll kommen sollen.

Der gestrichene polnische oder warschauer Scheffel (Korzec) von 32 Garnitzen, hält daher 6080 pariser oder $6741\frac{3}{44}$ brandenburgische Kubikzoll.

Die Konstitution vom Jahr 1764 setzt fest, daß ein warschauer Scheffel 32 Garnitzen oder 2 danziger Scheffel halten soll. Hienach müßte also der danziger Scheffel, welcher bei der Einführung des warschauer Hohlmaaßes im Jahr 1764 benutzt worden, 3040 par. Kubikzoll gehalten haben; weil aber dieser Inhalt merklich größer als der älteste und neuere danziger Scheffel ist, so läßt sich nur vermuthen, daß etwa der nach Warschau gesandte Scheffel zu groß war — oder daß man bei der Festsetzung zwei gehäufte danziger Scheffel mit einem gestrichenen warschauer Scheffel verglichen hat.

Aus dem Inhalte des warschauer Scheffels von 6741 brandenb. Kubikzoll folgt, daß der gestrichene polnische oder neuwarschauer Scheffel mit 2 Scheffel $3\frac{7}{27}$ Metzen berliner Gemäß verglichen werden kann.

Zur ungefähren Vergleichung kann man annehmen daß

5 warschauer Scheffel mit 11 berl. übereinkommen, oder genauer

437 warschauer Scheffel mit 963 berliner.

7) Das Getreidemaaß in Lithauen hat nachstehende Eintheilung:

Tonne. Beczka.	Viertel. Ćwierci.	Achtel. Ośmi.	Sechszehntel. Szestnastki.	Große Garnitzen. Garci.
1	4	8	16	72
	1	2	4	18
		1	2	9
			1	$4\frac{1}{2}$

Nach der Konstitution vom Jahre 1766 soll im Großherzogthum Lithauen zum Messen des Getreides eine Tonne 4 Viertel, ein Viertel (Ćwierc) 2 Achtel, ein Achtel (Ośm) 2 Sechszehntheil einer Tonne enthalten. Auf ein Sechszehntheil (Szestnastka) einer Tonne sollen 9 Garnitzen Schankmaaß gehen, und die cylindrische Schankgarnitze, deren 144 auf eine Tonne gehen, soll, inwendig gemessen, 7 Zoll $\frac{2}{4}$ und $\frac{1}{8}$ Zoll tief und im Durchmesser 4 Zoll und $\frac{3}{4}$ Zoll und $\frac{1}{8}$ Zoll lithauisch weit seyn. Eine Garnitze zum Verkauf im Großen, soll zwei Schankgarnitzen enthalten.

Diese Bestimmung der Größe von den lithauenschen Hohlmaaßen durch die Konstitution vom Jahr 1766 ist so musterhaft und bestimmt, daß man wegen der großen Maaßverwirrung, die noch in so manchen Ländern herrscht, wünschen muß, ähnliche deutliche Bestimmungen durch ältere Gesetze aufzufinden, oder daß wenigstens der Mangel derselben nicht durch neue Ungewißheiten vergrößert werden möge. Nach den angeführten Angaben in der Konstitution ist man nun im Stande, selbst wenn kein Originalgemäß mehr vorhanden wäre, den Inhalt der lithauenschen Hohlmaaße genau anzugeben, und danach leicht, wenn es erfordert würde, die verlornen Maaße zu ersetzen. Wird nach diesen Bestimmungen der Inhalt einer kleinen oder Schankgarnitze berechnet, so findet man, weil der lithauensche Fuß mit dem pariser gleich groß ist, den Inhalt einer Schankgarnitze 142,32426 pariser oder 157,7989 brandenburgische Kubikzoll, welches auch sehr gut mit mehreren von mir angestellten Ausmessungen im Byalistockschen Departement übereinstimmt. Hienach hält

1 große od. Getreidegarnitze	315,5978	brdb. Kubikzoll,
1 Osmin	2840,38	= =
1 Tonne	22723,05	= =

Die Getreidegarnitze hält beinahe $1\frac{13}{20}$ berliner Metzen.

Der lithauensche Osmin hält beinahe $14\frac{6}{7}$ berliner Metzen.

Die lithauensche oder wildauer Tonne hält 7 Scheffel $6\frac{6}{7}$ Metzen berliner Maaß.

Es vergleichen sich beinahe

7 lithauensche Tonnen mit 52 berliner Scheffel.

§. 55.

Der breslauer Scheffel wird außer dem berliner, vorzüglich in Schlesien als Getreidemaaß angewandt. Hr. Scheibel hat über die Größe desselben die genauesten Untersuchungen angestellt, indem er den auf dem breslauer Rathhause befindlichen sehr alten, mit dem Zeichen W versehenen, metallenen Original-Scheffel, mittelst eines pariser Maaßstabes ausmaaß, und den Inhalt desselben 3731,0093 pariser Kubikzoll fand. Der Inhalt des breslauer Viertels wurde 932,8285 pariser Kubikzoll groß gefunden, so daß man den breslauer Scheffel mit Sicherheit zu 3730 pariser oder $4135\frac{5}{9}$ rheinländische Kubikzoll annehmen kann.

Der breslauer Scheffel wird in 4 Viertel oder 16 Metzen, und die Metze in 4 Mäßel eingetheilt. Ein Malter hält 12 Scheffel.

Die vorzüglichsten alten Scheffel in Schlesien lassen sich durch nachstehende Tafel mit dem breslauer Scheffel vergleichen.

Namen der Städte.	Breslauer		
	Scheffel	Metzen.	Mäßel.
Auras	1	5	—
Beuthen, ordinairer Scheffel	2	12	1
Zinsscheffel . .	2	7	2
Hopfenscheffel .	1	1	2½
Buntzlau	1	5	2½
Glatz	1	8	3
Groß-Glogau	1	6	½
Goldberg	1	5	2
Grotkau	1	5	1½
Grüneberg	1	8	—
Hirschberg	1	4	—
Jauer	1	4	3
Landshut, Stadtscheffel .	1	6	1
Liegnitz	1	5	½
Löwenberg	1	5	2
Münsterberg	1	7	2
Neisse, Zinsscheffel . . .	1	1	3¼
Oppeln	2	—	3½
Ohlau	1	7	—
Oels	1	5	2¾
Pleß, alter Zinsscheffel .	2	9	1
Polckwitz	1	6	1
Ratibor	2	—	3½
Sagan	1	5	—
Schwiebus	1	12	—
Schweidnitz	1	1	2¼
Wohlau	1	7	1
Zedlitz, Zinsscheffel . . .	1	5	—

Diese Angaben befinden sich in dem Edikt „wodurch die Gleichheit und Richtigkeit von Elle, Maaß und Gewicht im Herzogthum Schlesien und der Grafschaft Glatz ausführlich regulirt wird. Potsdam, d. 12. Dez. 1751."

§. 56.

Im Fürstenthum Eichsfeld rechnet man auf das Malter 6 Scheffel oder 24 Metzen oder 96 Köpfe, ausgenommen, daß im Amte Treffurth das Malter 8 Scheffel, im Amte Bischofstein aber 16 Metzen enthält.

Nachstehende Tafel enthält die Vergleichung der eichsfelder Getreidemaaße, deren Größe sich auf die §. 11. angeführte Ausmittelung gründet.

Ein Scheffel hält	Pariser Kubikzoll.	Berliner Metzen.
Heiligenstadt und Obereichsfeld	1632	$9\frac{2}{5}$
Duderstadt und Untereichsfeld, ohne das Amt Haarburg .	1516	$8\frac{4}{5}$
Worbis und Amt Haarburg .	1566	$9\frac{2}{23}$
Nordhausen	2291	$13\frac{2}{7}$
Mühlhausen	2022	$11\frac{3}{4}$

§. 57.

Ueber die Größe der Getreidemaaße im Fürstenthum Minden und der Grafschaft Ravensberg, ist durch das vormalige ravensbergsche Kommissariat im Jahr 1714 eine Vergleichungstafel zum Druck befördert worden, welche die Aufschrift hat: „Reduktionstabelle, des berliner Scheffels, in die ravensbergsche und andere in dieser Grafschaft gebräuchliche Maaße. 1714."

Die nachstehenden Angaben sind ein Auszug aus dieser Tabelle.

Vergleichung der Streichscheffel, mit dem berliner Streichscheffel.		Berliner Metzen.
Grönenberg	Streichscheffel	$9\frac{1}{2}$
Herford	= =	$12\frac{5}{8}$
Lippe	= =	$12\frac{7}{8}$
Lübeck	= =	$10\frac{7}{8}$
Minden	= =	$12\frac{7}{8}$
Münster	= =	$8\frac{1}{2}$
Osnabrück	= =	$8\frac{1}{2}$
Ravensberg	= =	12
Rheda	Mudde	$16\frac{1}{2}$
Vlotho	Himten	$8\frac{7}{12}$
Wiedenbrück	Streichscheffel	$13\frac{1}{2}$
Vergleichung der Häuff= oder Haferscheffel, mit dem berliner Streich= oder Haferscheffel.		
Herford	Haferscheffel	$11\frac{1}{2}$
Lippe	= =	15
Osnabrück	= =	8
Ravensberg	= =	11

Hiebei ist zu bemerken, daß auf 1 Malter 12 Scheffel, und auf den Scheffel 16 Becher gerechnet werden.

Späterhin ist eine andere Tabelle vorzüglich in Beziehung auf das Fürstenthum Minden, durch die vormalige minden= ravensberg= tecklenburg= und lingensche Kriegs= und Domainenkammer, unter folgendem Titel zum Druck befördert worden; „Designatio derjenigen differenten Scheffeln, im Fürstenthum Minden, wie selbige mit dem berlinischen Scheffel conferiren, und darnach die Deputate, Pächte und andere Prästanda ausgerechneter maßen, künftig abgetragen werden müssen. Introducirt im Jahr 1714. Minden 1722." (Folio).

Der wesentliche Inhalt dieser gedruckten Vorschrift ist in nachstehender Tafel enthalten.

Ein Fuder hält Scheffel.	Namen der Oerter.	Berliner	
		Scheffel.	Metzen.
36	Stadt Minden . Scheffel	1	$1\frac{1}{8}$
60	Stadt Lübbeck u. Aemter Reineberg und Rahden, Schfl.	—	$10\frac{1}{2}$
36	Amt Hausberge . . .	1	$2\frac{1}{8}$
36	„ Petershagen . .	1	$2\frac{3}{4}$
36	„ Schlüsselburg . .	1	$2\frac{1}{2}$
90	Stemwehderbergsche Scheffel im Amte Rahden . . .	—	$7\frac{1}{8}$
108	Hoyasche Scheffel im Amte Schlüsselburg	—	$6\frac{1}{4}$

Hienach hält der alte

Mindensche Stadtscheffel 2953 par. Kubikzoll,
Ravensbergsche Kornscheffel 2069 „ „
Herforder Kornscheffel . 2177 „ „
Münstersche Kornscheffel 1466 „ „

Der mindensche Scheffel in der Grafschaft Ravensberg ist kleiner als der mindensche Stadtscheffel angegeben, darf daher mit diesem nicht verwechselt werden. Der lippesche Scheffel, nach seinem gegenwärtigen Inhalt, stimmt nicht mehr mit den Angaben vom Jahr 1714; denn nach dem bückeburger Kalender vom Jahr 1802 hält nach den neusten Ausmittelungen der

Lippesche Kornscheffel . $2577\frac{1}{2}$ par. Kubikzoll,
„ Haferscheffel . $2775\frac{1}{4}$ „ „

auch werden für den Inhalt des

Schaumburger Himten . $1630\frac{4}{5}$ „ „

angegeben.

§. 58.

Im Fürstenthum Paderborn ist das Getreidemaaß von verschiedener Größe. Die Eintheilung in der Stadt Paderborn, nach dem dortigen Kreutzscheffel, ist folgende:

Fuder.	Mälter			Scheffel.	Spint.	Becher.
	Hafer.	Gerste.	Roggen			
1	4	6	8	48	192	768
	1	$1\frac{1}{2}$	2	12	48	192
		1	$1\frac{1}{3}$	8	32	128
			1	6	24	96
				1	4	16
					1	4

Mit dem paderbornschen Kreutzscheffel vergleichen sich folgende Getreidemaaße:

Scheffel	in nachstehenden Oertern	geben paderb. Scheffel.
4	Dringenberg, Driburg, Kleinenberg, Körbecke, Eissen, Großen= und Lütkeneder, Dasenburg, Hohenwezel, Peckelsheim, Asseln, Allhausen, Pömbsen, Altenheerse u. Schmechten, Hartkorn	5
32	= = = = = Hafer	39
48	Brakel, Hersta u. Istrup, Hartkorn u. Hafer	49
12	Salzkotter, Nieheim, Wewelsburg und Wünneberg . . . Hartkorn u. Hafer	13
43	Beverungen	48
$48\frac{1}{4}$	Herstell	48
5	Lichtenau	6
(19)	Himten, Lügde	6
32	Oldenburg u. Lippe, Roggen u. Gerste	39
24	= = = = Hafer . . .	31
48	Steinheim (Heuermaaß) . Hartkorn	53
16	= = = = ... Hafer	19
24	Büren . . . . Hartkorn	25
50	Westerkotten	48

Wird die Angabe der Größe des lippeschen Kornscheffels zur Bestimmung des paderbornschen Scheffels angenommen, so erhält man nach §. 57. für den Inhalt des paderbornschen Kreutzscheffels 2115 pariser Kubikzoll oder $12\frac{4}{15}$ berliner Metzen.

§. 59.

Im Herzogthum Cleve und der Grafschaft Mark kommen noch öfter die vormals üblichen Getreidemaaße vor, über deren Verhältniß eine besonders gedruckte Nachricht vorhanden ist, welche bei vorkommenden Ausmittelungen zur Richtschnur dient. Der Titel dieser Schrift ist: Reductio der Korn-Maas im Herzogthum Cleve und Grafschaft Mark, wie auch angrenzenden Provincien in die neue Berlinische Korn-Maas. Ingleichen vollständige Nachricht von der Nassen-Maas, Ellen und Gevicht. Zu Cleve, bey Jacob de Vries. 1724.

Die nachstehende Tafel ist ein Auszug aus dieser Schrift, welche 7 Bogen stark ist.

1 Malter hält		1 Schfl. od. Faß hält	Namen der Oerter.		Hält berliner	
Schfl.	oder Faß.	Spint.			Schfl.	Viert.
4	—	4	Arnheim	Scheffel	—	$2\frac{6}{11}$
4	—	4	Bochum	"	—	$3\frac{1}{2}$
4	—	4	Büderich	Malter	2	$3\frac{1}{3}$
4	—	4	Calcar	"	2	$2\frac{1}{4}\frac{8}{9}$
4	—	4	Cleve	"	3	—$\frac{6}{6}\frac{8}{9}$
			Cöln, wie Büderich.			
			Cranenburg, wie Cleve.			
4	—	4	Dinslacken . . .	Scheffel	—	$3\frac{2}{6}\frac{9}{5}$
4	—	4	Duisburg . . .	Malter	3	$1\frac{1}{3}\frac{2}{3}$
			Emrich, wie Büderich.			
—	4	4	Geldern	Malter	2	$2\frac{3}{4}$
4	—	4	Gennep	"	2	$2\frac{4}{11}\frac{6}{5}$
4	—	4	Goch	Scheffel	—	$2\frac{1}{3}\frac{4}{9}$

1 Malter hält Schfl.	oder Faß.	1 Schfl. od. Faß. hält Svint.	Namen der Oerter.	Hält berliner Schfl.	Viert.
			Grieth, wie Büderich.		
			Griethausen, wie Cleve.		
4	—	4	Hamm . . . . Scheffel	1	—$\frac{12}{25}$
			Hatnegen, wie Bochum.		
4	—	4	Holte . . . . . Scheffel	—	$3\frac{5}{17}$
			Huissen, wie Arnheim.		
			Kervenheim, wie Gennep.		
—	6	4	Lobberich Hausmaaß, Faß	—	$2\frac{3}{7}$
4	—	4	Nimwegen . . . Scheffel	—	$3\frac{1}{9}$
			Orsoy, wie Dinslacken.		
			Rees, wie Büderich.		
			Ruhrort, wie Duisburg.		
—	6	4	Ruremonde Weitzen Malter	2	$3\frac{29}{32}$
			Roggen Faß	—	$1\frac{65}{72}$
			Hafer Faß	—	$2\frac{1}{32}$
			Schermbeck, wie Büderich.		
			Sevenar, wie Calcar.		
			Soest . . . . . Müdden	1	—$\frac{2}{3}$
			Sonsbeck, wie Büderich.		
—	6	4	Strahlen . . . . Malter	3	—
			Udem, wie Gennep.		
4	—	4	Unna . . . . . Scheffel	—	$3\frac{11}{15}$
			Venlo, wie Strahlen.		
—	6	4	Venray . . . . Malter	2	$3\frac{7}{11}$
			Wesel, wie Büderich.		
			Xanten, wie Büderich.		
			Ysselburg, wie Büderich.		

Hienach hält nach dem alten Getreidemaß

1 Malter	in Cleve	.	11418	pariser Kubikzoll.
1 Scheffel	= Hamm	.	3090	= =
1 =	= Ruhrort		2341	= =
1 Müdden	= Soest	.	3218	= =
1 Scheffel	= Unna	.	1575	= =
1 =	= Wesel	.	1931	= =

Nach Huberti (Vergl. der Fruchtmaaße, S. 47.) wird der Inhalt des cölnischen Rheinmalters zwischen 7697 bis 7782 pariser Kubikzoll angegeben, wovon der vierte Theil für das cölnische Simmern 1924 bis 1945, also im Durchschnitt $1934\frac{1}{2}$ par. Kubikzoll gibt. Eben so groß soll der weseler Scheffel seyn, welches von der vorstehenden Angabe nur $3\frac{1}{2}$ Kubikzoll abweicht.

§. 60.

Die Größe der vorzüglichsten Scheffel in Ostfriesland ist in nachstehender Tafel in berliner Maaß angegeben.

Namen der Städte.	Hält berliner Metzen.
Aurich . . . . Scheffel	$7\frac{53}{64}$
Berum . . . . =	$7\frac{5}{8}$
Emden, Gretsyhl, Leer, Pewsum und Stückhausen . . . . . . Scheffel	$7\frac{1}{8}$
Esen . . . . =	$7\frac{7}{8}$
Norden . . . . =	$8\frac{1}{16}$
Wittmund . . . . =	$8\frac{1}{3}$

Die emdener Last hält 15 Tonnen, die Tonne 4 Vierdup, der Vierdup 2 Scheffel, also die Last 120 dergleichen Scheffel.

Hienach hält

der emdener Scheffel 1379,5 par. Kubikzoll,
= = Vierdup 2759 = =

Nach Kruse (Contor. 1. Bd. S. 434.) hält die emdener Tonne 9638, also der Scheffel 1204 pariser Kubikzoll, wogegen nach Hube (Landwirth, 2. Bd. S. 286.) diese Tonne 10388, also der Scheffel 1298,5 pariser Kubikzoll halten soll.

§. 61.

Im Fürstenthum Anspach sind die Getreidemaaße für glatte und rauhe Frucht von einander verschieden, wovon erstere vorzüglich zum Ausmessen des Weitzens und Roggens, letztere aber zum Ausmessen des Hafers und Dinkels dienen. Auf der Schranne in Anspach werden die Muttermaaße zur trocknen Ausmessung aufbewahrt.

Außer dem herrschaftlichen oder neuanspacher Getreidemaaß, welches das Hauptmaaß des Fürstenthums ist, muß noch das Stiftmaaß und das alte oder anspacher Stadtmaaß unterschieden werden.

Das herrschaftliche oder neuanspacher Getreidemaaß hat folgende Abtheilungen:

Korn oder glatte Frucht.

Simra.	Metzen.	Maaß.
1	16	256
	1	16

Hafer oder rauhe Frucht.

Simra.	Metzen.	Maaß.
1	32	576
	1	18

Von dem herrschaftlichen oder neuanspacher Getreidemaaß sind folgende Muttergemäße vorhanden:

Das Kornmaaß, welches von Zinn und nach oben in der Gestalt eines abgekürzten Kegels verengt ist. Außerhalb desselben ist das anspachsche Wappen und die Aufschrift: Kastenamt Onolzbach 1741. 1. M (Maaß) angebracht; wegen einiger Einbiegungen ist aber sein jetziger Inhalt offenbar geringer als der ursprüngliche.

Das

Das doppelte Hafermaaß ist ein messingenes Gefäß von der Gestalt eines abgekürzten Kegels mit der Jahrzahl 1755 und dem hohenzollerschen Wappen versehen. Die Wände sind ebenfalls gekrummt, weshalb sein jetziger Inhalt nothwendig etwas kleiner als der ursprüngliche seyn muß.

Das einfache Hafermaaß, welches an Materie und Gestalt dem vorigen Gefäße gleich, aber weder mit einem Wappen noch mit einer Jahrzahl versehn ist. Die Gestalt und Abmessungen dieses Gefäßes, und besonders die an demselben befindliche hornförmige Handhabe, kommen mit dem auf dem nürnberger Bauhofe aufbewahrten Schenkmaaße überein. Wahrscheinlich ist dies Maaß in Nürnberg verfertigt und in Bezug auf die Verordnung des Marggrafen Georg Friedrich vom Jahr 1550 eingeführt worden, nach welcher bestimmt wird, daß die neue oder onolzbacher herrschaftliche Kastenmetze zum Kornmessen 19½ nürnberger Schenkmaaß, und die neue oder herrschaftliche Hafermetze 18 nürnberger Schenkmaaß enthalten soll. Da nun seit dem Jahr 1550 diese Getreidemaaße unverändert eingeführt sind, so müßten solche mit dem nürnberger Schenkmaaß überein stimmen, wenn nicht alle drei gekrümmte Wände hätten, weshalb ihr jetziger Inhalt kleiner gefunden werden muß, als solchen das Gesetz des Marggrafen Georg Friedrich bestimmt.

Durch Abwiegung mit Wasser fand Hr. Kriegsrath Nelin bei Gelegenheit der Festsetzung der anspacher Gemäße im Jahr 1800 den Inhalt

des Kornmaaßes . .	65,8704	par. Kubikzoll,
= doppelten Hafermaaßes	108,8264	= =
= einfachen Hafermaaßes	54,5875	= =

Um nun den wahren Inhalt der neuanspacher Gemäße zu erhalten, weil die hier angegebenen offenbar zu klein sind, mußte der Inhalt eines nürnberger Schenkmaaßes genau bekannt seyn, weil nach der gesetzlichen Bestimmung die Kornmeße $19\frac{1}{2}$, die Hafermeße aber 18 nürnberger Schenkmaaß enthalten soll. Der Inhalt des nürnberger Schenkmaaßes ist aber (§. 75.) $54\frac{5}{8}$ pariser Kubikzoll, daher findet man für das neuanspacher

Kornmaaß	. . .	66,574	par. Kubikzoll,
Kornmeße	. . .	1065,187	= =
Kornsimra	. . .	17043	= =
Hafermaaß	. . .	54,625	= =
Hafermeße	. . .	$983\frac{1}{4}$	= =
Hafersimra	. . .	31464	= =

Ein neuanspacher Kornsimra hält nach berliner Maaß 6 Scheffel $2\frac{3}{3}\frac{1}{7}$ Metzen, und ein neuanspacher Hafersimra 11 Scheffel $6\frac{1}{3}\frac{5}{2}$ Metzen.

Auf einen berliner Scheffel gehen von dem neuanspacher Maaß, 2 Kornmetzen $9\frac{1}{2}\frac{1}{5}$ Kornmaaß oder 2 Hafermetzen $14\frac{1}{2}$ Hafermaaß.

Noch ist zu merken, daß die angeführten neuanspacher oder herrschaftlichen Maaße, auch unter dem Namen der nürnberger Fruchtmaaße im Fürstenthum Anspach vorkommen.

Das anspacher Stiftmaaß wird noch in Absicht der Getreidebesoldung der Geistlichkeit und Schullehrer gebraucht, so wie das anspacher Stadtmaaß, welches auch unter dem Namen altonolzbacher Kastenmaaß vorkommt, zur Einnahme des Getreides von Lehnleuten und Unterthanen, und zur Zutheilung des Getreides an städtische Diener benutzt wird; und nach der Verordnung des Marggrafen Georg Friedrich vom Jahr 1550, hält eine Kornmeße des alten Kastenmaaßes 20 nürnberger Schenkmaaße und $1\frac{1}{2}$ Seidlein, und eine Hafermeße 34 dergleichen Schenkmaaße. Der Simra hält in beiden Maaßen 16 Metzen. Hieraus findet man für den Inhalt der

altanspacher Kornmeße	1133,47	par. Kubikzoll,
= = Hafermeße	$1857\frac{1}{4}$	= =

§. 62.

Zur Bestimmung der Größe von den vormaligen und zum Theil noch jetzt gebräuchlichen Fruchtmaaßen in den Fürstenthümern Anspach und Bayreuth, können nachstehende beide Tafeln dienen, wovon die erstere ein Auszug aus der erwähnten Urkunde vom Jahr 1550 ist, so wie die letztere sich auf eine sehr alte Verfügung gründet, nach welcher von den Unterthanen das Getreide empfangen werden soll.

In der angeführten Urkunde wird unter der sehr naiven Benennung Wahrsager, das Muttermaaß oder die Matrize verstanden.

Es gehen auf ein	Benennung der Fruchtmaaße.		Nürnberger	
			Schenkmaaß.	Seidlein.
Simra 16 Metzen	Neuonolzbacher Kastenmaaß	Kornmetze	19	1
= 32 =	= = = =	Hafermetze	18	—
	Werdeck, wie oben.			
Malter 8 Viertel	Gerabronn . . .	Kornviertel	25	$\frac{3}{4}$
= 8 =	= = . . .	Haferviertel	32	$\frac{3}{4}$
= 8 =	Rothenburg . .	Haferviertel	38	$\frac{1}{8}$
= 8 =	Wassertrudingen .	Kornviertel	47	—
= 8 =	= = = . .	Haferviertel	56	—
= 8 Metzen	Creglingen . . .	Kornmetze	21	$1\frac{5}{8}$
= 8 =	= = . . .	Hafermetze	31	$1\frac{5}{8}$
= 8 =	Hoheneck . . .	Kornmetze	22	1
= 8 =	Winsheim . . .	Hafermetze	36	—
= 8 =	Rothenburg . .	Kornmetze	23	1
= 8 =	= = . . .	Hafermetze	38	$\frac{1}{8}$
	Heidenheim . . .	Kornmalter	161	—
	= = . . .	Hafermalter	161	—
Metze 3 Strich	Eichstädt	Kornstrich	13	—
= 4 =	= = ...	Haferstrich	13	—
= 3 =	Pappenheim . .	Kornstrich	20	$1\frac{1}{4}$
= $3\frac{1}{2}$ =	= = . . .	Haferstrich	20	$1\frac{1}{4}$

Es gehen auf ein	Benennung der Fruchtmaaße.	Nürnberger Schenkmaaß.	Nürnberger Seidlein.
Malter 8 Viertel	Oettingen . . . Kornviertel	29	$1\frac{3}{4}$
= 8 =	= = . . . Haferviertel	29	$1\frac{3}{4}$
	Bamberg, wie Rothenburg.		
	Beiersdorf, Erlang und Liebenau haben nürnberger Maaß.		
Simra 4 Vierling	Forchheim . . . Kornvierling	35	1
= 4 =	= = . . . Hafervierling	38	—
= 4 =	Bamberg . . . Kornvierling	18	$1\frac{1}{2}$
= 4 =	= = . . . Hafervierling	22	$1\frac{3}{8}$
	Osternohe hat neues Kastenmaaß.		
Simra 14 Metzen	Schneytach . . . Kornmetze	23	$\frac{5}{8}$
= 25 =	= = . . . Hafermetze	23	$\frac{2}{3}$
= 14 Kar	Schwabach . . . Kornkar	23	1
= 16 =	= = . gehäuft Haferkar	36	1
= 12 Metzen	Roth . . . . . . Kornmetze	28	1
= 8 =	Neumark . . . Kornmetze	19	1
	Hafermetze	56	—
Malter 8 =	Neustadt an der Aisch, Dachsbach und Steinach, Kornmetze	26	—
= 8 =	= = = = Hafermetze	36	$1\frac{1}{2}$
	Kernlintach . . . Kornmetze	19	1
	= = . . . Hafermetze	29	$\frac{1}{2}$
Malter 8 Viertel	Creilsheim und Bobenhausen Kornviertel	50	$\frac{3}{4}$
= 8 =	= = = = Haferviertel	50	$\frac{3}{4}$
	Schönberg . . . Kornmetzen	19	1
	= = . . . Hafermetzen	21	$1\frac{1}{4}$
Simra 2 Metzen	Gunzenhausen . . Kornmetze	38	$1\frac{1}{4}$
= 2 =	= = = . . Hafermetze	57	$\frac{1}{2}$
	Habenbach, armbauer Kornmetze	31	1
	= = = = Hafermetze	32	$\frac{1}{4}$
Metze 3 Strich	Flügling . . . . Kornstrich	18	$1\frac{5}{8}$
= $3\frac{1}{2}$ =	= = ... Dinkelstrich	18	$1\frac{5}{8}$
= 4 =	= = ... Haferstrich	18	$1\frac{5}{8}$
= 3 =	Hipoltstein . . . Kornstrich	21	—
= 4 =	= = . . . Haferstrich	21	—
= $3\frac{1}{2}$ =	= = ... Dinkelstrich	21	—

Es gehen auf ein			Benennung der Fruchtmaaße.	Nürnberger	
				Schenkmaaß.	Seidlein.
			Stauff und Landeck, Kornmetze	45	$\frac{1}{4}$
			= = = grediger Gerstsimra	576	—
			= = = . . Hafermetze	55	$\frac{1}{4}$
Malter	8	Metzen	Kitzingen . . . Kornmetze	21	$1\frac{1}{2}$
=	8	=	= = . . . Hafermetze	34	—
=	8	=	Meinbernheim . Kornmetze	21	$\frac{3}{4}$
=	8	=	= = = . . Hafermetze	31	$1\frac{3}{8}$
			Castell und Weisenbrunn		
=	8	=	Kornmetze	24	$\frac{1}{4}$
=	8	=	= = = = Hafermetze	36	—
=	8	=	Brichsenstadt . . Kornmetze	24	$\frac{3}{4}$
=	8	=	= = . . Hafermetze	36	—
=	8	=	Steffansberg, schwarzacher Kornm.	24	$\frac{3}{4}$
=	8	=	= = = = Haferm.	24	$\frac{1}{2}$
Simra	16	=	Winsbach . . . Kornmetze	24	$\frac{1}{2}$
=	24	=	= = . . . Hafermetze	31	$1\frac{5}{8}$
=	16	=	Cadolzburg . . . Kornmetze	20	$\frac{1}{4}$
			= = . . . Hafermetze	28	$1\frac{5}{8}$
Malter	8	=	Colmberg, rothenburger Kornmetze	23	1
=	8	=	= = lautershauser = =	25	1
=	8	=	= = rothenburger Hafermetze	38	$\frac{1}{8}$
=	8	=	= = lautershauser = =	44	—
=	8	Viertel	Feuchtwang . . Kornviertel	72	—
=	8	Metzen	Uffenheim . . . Kornmetze	21	$1\frac{7}{8}$
=	8	=	= = . . . Hafermetze	32	$1\frac{1}{4}$
=	8	=	= = winsheimer Kornmetze	22	1
=	8	=	= = = = Hafermetze	36	—
=	8	=	= = . . auer Kornmetze	20	1
=	8	=	= = . . = Hafermetze	31	$\frac{1}{2}$
			Onolzbach, neues Kastenmaaß, wie oben.		
Simra	16	=	= = Altkastenmaaß, Kornmetze	21	$1\frac{1}{2}$
=	16	=	= = = = Hafermetze	34	—
			Flachslanden, wie Windsheim.		

Es gehen auf ein	Benennung der Fruchtmaaße.	Culmbacher Schenkmaaß.	Culmbacher Seidlein.
Simra 16 Metzen	Culmbach . . . . Kornmetze	22	$\frac{1}{2}$
" 16 "	" " . . . . Hafermetze	28	$\frac{1}{4}$
Scheffel 8 Achtel	Hof . . . . Kornachtel	19	$\frac{1}{2}$
Simra 16 Metzen	Bayreuth . gehäuft, Kornmetze	21	$\frac{1}{2}$
" 16 "	" " . gestrichene "	21	$\frac{1}{2}$
" 20 "	" " . gehäuft, Hafermetze	27	—
" 16 "	" " . gestrichene "	23	—
	Wunsiedel und Kirchenlamitz		
Kar 5 Metzen	gestrichene Kornmetze	26	$\frac{1}{4}$
" 8 "	gehäuft, Hafermetze	22	$\frac{1}{4}$
" 8 "	Weisenstadt gestrichene Kornmetze	28	$1\frac{1}{4}$
" 8 "	" " gehäuft, Hafermetze	36	—
Simra 4 "	Zwernitz gestrichene Kornmetze	36	$\frac{1}{4}$
" 4 "	" " " " Hafermetze	38	$\frac{1}{4}$
Achtel 8 Napf	Rauhenculm, gestrichen Kornnapf.	8	$\frac{13}{16}$
" 8 "	" " gehäuft, Hafernapf	11	$\frac{1}{4}$
Simra 4 Vierling	Streitberg, gestrichen Kornvierling	27	—
	Bamberg, gestrichenes Simra	53	$\frac{1}{2}$

§. 63.

Um mit Zuverläßigkeit anzugeben, welches Verhältniß zwischen den nürnberger Hohlmaaßen und den anspacher Originalmaaßen Statt findet, sind bei Gelegenheit der Regulirung der Maaße und Gewichte in Anspach zugleich die Muttergemäße in Nürnberg mit Bewilligung des dortigen Magistrats untersucht worden. Im Jahr 1800 vereinigte sich der anspacher Kommissarius Hr. Kriegsrath Zelin in Verbindung mit einigen Abgeordneten von Seiten Nürnbergs, um die auf dem dortigen Bauhofe befindlichen Muttermaaße zu untersuchen, deren Beschaffenheit und Inhalt durch Ausmessung mit Wasser, die folgenden Angaben enthalten.

1) Das Kornviertel, welches als Normalmaaß zum Messen der glatten Frucht dient, ist aus geschla-

genem Kupfer, walzenförmig, und nur nach unten etwas verengt geformt. Seine Weite über den Steg ist 23 Zoll 7 Linien, und seine Tiefe am Steg 11 Zoll $4\frac{1}{4}$ Linien pariser Maaß. Außerhalb ist dieses Gemäß mit dem nürnberger Stadtwappen und folgender Inschrift versehn: Anno domini 1504 ist der Kornfirtl gemacht worden nach pfingsten. Den Inhalt dieses Kornviertels fand man $4099\frac{2}{3}$ pariser Kubikzoll. Der vierte Theil hievon gibt für den Inhalt der Kornmetze 1024,9 pariser Kubikzoll. Nach Huberti (Vergl. der Fruchtmaaße LX Tabelle) sind für die Kornmetze 1017,09 pariser Kubikzoll angegeben. Vier Kornviertel geben ein Kornsimra, welches daher $16388\frac{2}{3}$ pariser Kubikzoll hält.

2) Das Haferachtel ist ein walzenförmig nach unten etwas konisch zulaufendes Gefäß von geschlagenem Kupfer, dessen obere Weite am Steg 23 Zoll $10\frac{1}{2}$ Linie und dessen Tiefe am Steg gemessen 11 Zoll pariser Maaß beträgt. Dieses Muttergemäß enthält außer dem nürnberger Stadtwappen noch folgende Aufschrift: Anno domini 1504 ist das haberachtel gemacht worden nach pfingsten. Den Inhalt des Haferachtels fand man 3799,68 pariser Kubikzoll, daher ist die Hafermetze oder der vierte Theil vom Haferachtel 949,92 pariser Kubikzoll. Nach Huberti (Vergl. der Fruchtmaaße. LX. Tabelle) soll die Hafermetze 949,36 pariser Kubikzoll halten. Acht Haferachtel geben ein Hafersimra, welches daher 30379,44 pariser Kubikzoll enthält.

Von den angeführten beiden Hauptgemäßen, welche beim Handel im Großen gebraucht werden und eigentlich die ursprünglichen Maaße sind, hat man noch das kleine nürnberger Getreidemaaß zu unterscheiden. Es ist nach der gegebenen Versicherung deshalb kleiner als das ursprüngliche Maaß, um den Verkäufern im Handel und Wandel einigen Vortheil zu schaffen. — Von diesem kleinen Maaße sind metallne Originalmetzen vorhanden, welchen zwar die Jahrzahl und eine Aufschrift fehlt, die aber dem Ansehen nach viel neuer als die Muttermaaße vom Jahr 1504 sind. Bei der Ausmessung wurde der Inhalt der Kornmetze $1005\frac{2}{7}$ und der Inhalt der Hafermetze $929\frac{9}{10}$ pariser Kubikzoll gefunden. Hienach hält der kleine Kornsimra von 16 Metzen $16084\frac{1}{2}$ und der kleine Hafersimra von 32 Metzen 29746 pariser Kubikzoll.

Nach den vorherigen Ausmittelungen hält ein ursprünglich nürnberger Kornviertel im berliner Maaß 1 Scheffel $7\frac{7}{9}$ Metze, und es vergleichen sich

35 ursprüngliche nürnberger Kornviertel mit
52 berliner Scheffel.

Ferner hält ein ursprünglich nürnberger Haferachtel in berliner Maaß 1 Scheffel $6\frac{1}{27}$ Metzen. Daher vergleichen sich

53 nürnberger Haferachtel mit
73 berliner Scheffel.

§. 64.

Das amsterdammer Getreidemaaß ist in mehrerer Hinsicht als ein Hauptmaaß anzusehen, und es muß daher um so mehr auffallen, wenn die Größe desselben so verschieden angegeben wird.

Um die vorzüglichsten Angaben für den amsterdammer Scheffel (Scheepel) mit einander zu vergleichen, dienen folgende Angaben.

Der amsterdammer Scheffel hält nach

Kruse	(Contor. 1 Bd. S. 432.)	1362,0	par. Kubikzoll,
Hube	(Landwirth, 2. Bd. S. 284)	1476,1	= =
Hanov	(Abhandl. der naturf. Ges. zu Danzig, 1. u 2. Bd.)	1534,5	= =
de Marre	(Ber. van de Maaten, p. 87.)	1370,0	= =
Gerhard	(Cont 1. Th. S. 19 nach einer Ausmessung von Kruse.)	1416,0	= =

so daß sich hienach nicht leicht der Inhalt des amsterdammer Scheffels mit Wahrscheinlichkeit angeben läßt.

Nach einer Untersuchung, welche das königl. weseler Proviantamt im Jahr 1794 angestellt hat, wurde für den Inhalt des amsterdammer Scheffels 1440 pariser Kubikzoll gefunden, und nach einer genauen Ausmittelung, welche durch das königl. preußische Feldkriegskommissariat in eben dem Jahre zu Amsterdam in Gegenwart von Deputirten veranstaltet wurde, fand man für den Inhalt des amsterdammer Scheffels 1442,5 pariser Kubikzoll. Ferner ist bekannt, daß auf die amsterdammer Last $56\frac{1}{2}$ berliner Scheffel gerechnet werden; dies gibt für die Last 155880, also für den Scheffel $1443\frac{1}{3}$ pariser Kubikzoll, so daß mit Sicherheit für den amsterdammer Scheffel 1443 pariser Kubikzoll angenommen werden können. Nun vergleichen sich 1443 pariser Kubikzoll mit 1600 brandenburgischen; also hält die amsterdammer Last von 36 Säcken oder 108 Scheffel, 172800 brandenb. Kubikzoll oder genau 100 brandenb. Kubikfuß.

So wenig wie die Krusesche Angabe von dem amsterdammer Scheffel mit den wirklichen Ausmessungen übereinstimmt, eben so wenig stimmt dessen Angabe im hamburger Contoristen, von der Größe des hamburger Fasses mit den Angaben der Hrn. Woltmann und Reinke überein, welche in der kleinen Schrift: Beiträge der hamburgischen Gesellschaft ꝛc. zur Beurtheilung und Erläuterung des neuen französischen Maaß- und Gewichtssystems. Hamburg 1798. S. 42. enthalten sind, wonach die hamburger Last 3,15787 Kiloliter (nach der provisorischen Festsetzung) also 176679 pariser Kubikzoll groß ist. Die Last hält 60 Faß, daher der Inhalt von einem hamburger Faß 2944,65 pariser Kubikzoll wäre, statt daß Kruse (Cont. 1. Th. S. 166.) 2656 Kubikzoll dafür annimmt.

§. 65.

Vergleichung verschiedener Getreidemaaße.

	Par. Kubikzoll.	
Amsterdam, Sheepel .	1433	§. 64.
Anspach, Kornmetze .	1065,187	§. 61.
Augsburg, Schaff .	10346,5	Brander (Huberti Vergleich. S. 47.)
Bamberg, Simmer .	3931,74	Huberti, Vergl. Taf. 60.
Berlin, Scheffel . .	2758,952	§. 48.
Böhmen, Strich . .	4718,5	Vega, Tafeln 2. Bd. S. 252.
Brandenburg, vormaliger Scheffel	2939,	§. 51
Braunschweig, Himte	1568	Kruse, Contor. 1. Bd. S. 433
Bremen, Scheffel .	3869	Hube, Landw. 2. Bd. S. 285
	3585	Kruse a. a. O.
Breslau, Scheffel .	3730	Scheibel, ökon. Nachr. 1778. S. 372.
Brüssel, Sack . . .	5897	Kruse, a. a. O.
	6377	Hube, a. a. O.
Cassel, Viertel . . .	8090	Chelius, Vergl. S. 140.
	7656	Hube, a. a. O. S. 288.
Cleve, Malter	11418	§. 59.
	11000	Hube, a. a. O.
	9045	Kruse, a. a. O.
Colberg, vormal. Scheffel	2299	§. 53.
Cöln, Simmer . .	1934,5	§. 59.
Cottbus, vormal. Scheffel	4979	§. 52.
Crossen, vormal. Scheffel	6423	§. 52.
Cüstrin, vormal. Scheffel	2673	§. 52.
Dännemark, Getr. Tonne	7013,5	Hube, a. a. O. S. 286.
	8571	Kruse, a. a. O. S. 434.
Danzig, Scheffel . .	2606,5	§. 54.
Dresden, Scheffel . .	5338	Kruse, a. a. O.
	5404	Hube, a. a. O.
	5304,36	Chelius, Vergl. S. 147.
	5361,8	Gerhard (Meik. Taschb. 1805. S. 162.
Duderstadt, Scheffel .	1516	§. 56.
Emden, Scheffel .	1379,5	§. 60.

	Par. Kubikzoll.	
Frankfurth a. M., Malter	5784	Chelius, Vergl. S. 59.
Frankfurth a. d. O. vormal. Scheffel	3011,13	§. 51.
Frankreich, Kiloliter oder Stere . .	50412,416	§. 43.
Hektoliter .	5041,242	§. 43.
Liter . .	50,4124	§. 43.
Genua, Mina . . .	5897	Kruse, Contor. 1. Bd. S. 434.
	6355	Hube, Landw. 2. Bd. S. 287.
	6080	Paucton, Mètr. p 814.
Halle a. d. Saale, Schfl.	4003	Kruse, a. a. O. S. 435.
Hamm, Scheffel . .	3090	§ 59.
Hamburg, Faß . .	2656	Kruse, a. a. O.
	2900	Hube, a. a. O.
	2944,65	§. 64.
Hanau, Simmer . .	1539	Chelius, Vergl. S. 128.
Hannover, Himte . .	1568	Kruse, a. a. O.
	1536	v. Münchhausen, Hausvater, 1. Th. S. 627.
Heidelberg, Viernsel .	1403,17	Huberti, Vergl. Taf. 60.
	1398,2	Chelius, Vergl. S. 128.
Heiligenstadt, Scheffel	1632	§. 56.
Herford, Scheffel . .	2177	§. 57.
Holstein, Tonne . .	6250	Kruse, a. a. O.
	6454	Hube, a. a. O. S. 288.
Irland, Quarter . .	14408	Kruse, a. a. O.
Königsberg, vorm. Schfl.	2604	Wilhelm, De mens. p. 22.
Krakau, Scheffel . .	6054,5	Hube, a. a. O. S. 289.
Leipzig, Scheffel, wie Dresden.		
Lippe, Scheffel . .	2577,5	§. 57.
Lithauen, Osmin . .	2840,38	§. 54. (7.)
London, Wey . . .	71967	Hube, a. a. O.
Coomb . .	7169,7	" " " "
Bushel . .	1799,18	" " " "
	1801	Kruse, a. a. O. S. 436.
	1802,24	Paucton, Mètr. p. 810.

	Par. Kubikzoll.	
London, Pek	449,795	Hube, a. a. O. S. 289.
Lübeck, Scheffel	1684	Kruse, a. a. O. S. 436.
Mähren, Metze	3400	Hube, a. a. O.
Mecklenburg, Scheffel	1960,5	Westphal, Abhandl. v. d. Mecklenb. ꝛc.
Minden, Stadtscheffel	2953	§. 57.
Mühlhausen, Scheffel	2022	§. 56.
Münster, Scheffel	1466	§. 57.
Nordhausen, Scheffel	2291	§. 56.
Nürnberg, großes Eimer	16388,67	§. 63.
kleines	16084,5	„ „
Paris, altes Maaß,		
Muid de blé	92160	Paucton, Mètr. p 739. und de l'Isle (Große Taf. S. 71.)
Sêtier	7680	
Boisseau	640	
Paderborn, Kreutzscheffel	2115	§. 58.
Perleberg, vorm. Scheffel	2500,3	§. 51.
Potsdam, „ „	2672,7	„ „
Prag, Strich	4759	Kruse, a. a. O. S 438.
	4686	Hube, a. a. O. S. 291.
	4718*	Vega, a. a. O. S. 254.
Prenzlow, vorm. Scheffel	2802	§. 51.
Ravensberg, Scheffel	2069	§. 57.
Regenspurg, Metze	1655	Kruse, a. a. O.
	1628,8*	Vega, a. a. O.
Reval, Last	147950	Hube, a. a. O.
Riga, Last	161400	„ „ „ „
Rom, Rubbio	13797	Kruse, a. a. O.
	14400	Hube, a. a. O. S. 292.
	13472	Vega, a. a. O.
Rostock, Scheffel, wie Mecklenburg.		
Rotterdam, Hoed	54059	Kruse, a. a. O.
	68280	Hube, a. a. O. S. 292.
Sack	5068	Kruse, a. a. O. S. 319.
	5690	Hube, a. a. O. S. 281.

	Par. Kubikzoll.	
Ruhrort, Scheffel	2341	§. 59.
Rußland, Tschetvert	9832	Kruse, a. a. O. S. 438.
	10088*	Hube, a. a. O. S. 292.
	10439, 68	Paucton, Métr. p. 819.
Schaumburg, Himten	1630, 8	§. 57.
Schottland, Quarter	14408	Kruse, a. a. O.
Schweden, Tonne .	7386*	" " " "
	7389	Hube, a. a. O.
Schweinfurth, Metze	1249, 73	Huberti, Vergl. Taf. 60.
Soest, Müdden . .	3218	§. 59.
Spanien, Fanéga .	2881	Kruse, a. a. O. S. 439.
	2876, 8	Paucton, Métr. p. 818.
Stettin, vormal. Scheffel	2485, 9	§. 52.
Stuttgard, s. Würtemberg.		
Thorn, Scheffel . .	2762	§. 54. (a.)
Turin, Sacco . . .	5795	Kruse, a. a. O. S. 442.
	5789	Vega, a. a. O.
Unna, Scheffel . .	2575	§. 59.
Venedig, Staro . .	4086	Kruse, a. a. O.
	4383	Hube, a. a. O. S. 298.
Warschau, Scheffel .	6080	§. 54. (6.)
Wesel, Scheffel . .	1931	§. 59.
Wien, Mut	93000	Vega, a. a. O. S. 315.
Metze	3100	" " " " " "
Würzburg, Metze .	1094, 487	Huberti, Vergl. Taf. 60.
Wismar, Scheffel .	1930	Kruse, a. a. O.
	1900	Hube, a. a. O.
Würtemberg, Simmri	1124, 45	Huberti, a. a. O.
	1116, 8	Chelius, Vergl. S. 164.

Wird nicht die größte Genauigkeit erfordert, so vergleichen sich:

25 amsterdammer Sheepel mit 13 berlin. Scheffel,
54 breslauer Scheffel . . " 73 " "
18 danziger Scheffel . . " 17 " "

17 dresdener Scheffel .	mit	33	berlin.	Scheffel,
219 Liter	=	4	=	=
7 lithauensche Tonnen	=	52	=	=
35 nürnberger große Viertel	=	52	=	=
28 schwedische Tonnen	=	75	=	=
23 Sêtier	=	64	=	=
5 warschauer Scheffel	=	11	=	=

§. 66.

Zur Ausmessung der Flüssigkeiten dient in den königlichen Staaten, Schlesien ausgenommen, das berliner Quartmaaß, welches nach den verschiedenen Arten der Flüssigkeiten, immer ein ganzer Theil der größern Gemäße ist. Auf dem hiesigen Rathhause befinden sich zwölf Stück zinnerne Probequarte, welche in den Jahren 1700 bis 1722 verfertiget sind, sämmtlich in Form eines abgekürzten Kegels, der sich nach oben verengt. Um die Höhe zu bemerken bis zu welcher diese Quarte gefüllt werden müssen, ist in den Seiten derselben eine runde Oefnung angebracht und außerhalb des Gefäßes mit einem kleinen Becken versehen, so daß mittelst der Oefnung, die Flüssigkeit aus dem Gefäße in das Becken treten kann. Steht das Gefäß genau wagerecht, und wird solches so weit mit Wasser angefüllt, bis die Oberfläche desselben genau mit dem Rande des Beckens in gleicher Höhe stehet, so hält das eingegossene Wasser ein Quart.

Die Untersuchung der angeführten zwölf Probequarte hat für jedes derselben einen andern Inhalt gegeben, so daß es wirklich ungewiß seyn würde, wie groß eigentlich das berliner Quart ist, wenn mich nicht wichtige Gründe bewogen hätten, unter den vorhandenen Quarten dasjenige als wahres berliner Quart zu wählen, welches mit der Jahrzahl 1722 versehen ist.

Diese Gründe sind folgende:

a. Das zum Normalquart gewählte Gefäß vom Jahr 1722 gehört weder zu den größten noch kleinsten der vorhandenen Gemäße.

b. Ist nicht nur der kupferne Probescheffel im Jahr 1722 verfertiget, sondern es ist auch in diesem Jahre das Reglement (§. 44.) wegen Regulirung des Getreidemaaßes erschienen; da nun das Quart in eben diesem Jahre verfertiget ist, so setzt dieses voraus, daß damals eine allgemeine Revision der Gemäße statt gefunden habe, und dem Quart aus guten Gründen diese Größe gegeben wurde.

c. Die Formen des hiesigen Zinngießergewerks sind auf dieses Quart eingerichtet; auch wird nach demselben auf dem hiesigen Ajustirungskomptoir, seit geraumer Zeit, die Größe aller übrigen berliner Quarte bestimmt.

Da sich nun bei keinem von den andern noch vorhandenen Gefäßen solche Gründe vereinigen, so ist dasselbe als richtiges berliner Normalquart anzusehen. Dieses Quart wurde daher auch von mir im Jahr 1797, nachdem es vorher auf einer Probewage des Ajustirungskomptoirs ins Gleichgewicht gebracht war, mittelst destillirtem Wasser bei einer Temperatur von 14 Grad des Reaumürschen Quecksilberthermometers, mit der größten Sorgfalt abgewogen, und es fand sich, wenn die Oberfläche des Wassers vollkommen horizontal und mit dem Rande des vorbeschriebenen kleinen Beckens gleich hoch stand, daß das in dem Normalquart enthaltene destillirte Wasser nach dem berliner Richtgewicht genau $79\frac{7}{8}$ Loth wog. Hienach findet man aus dem bekannten Gewichte eines brandenburgischen Kubikzolls Wasser (§. 48.), daß $79\frac{7}{8}$ Loth berliner Handesgewicht destillirtes Wasser, einen Raum von 65,414634 oder sehr nahe $65\frac{17}{41}$ brandenb. Kubikzoll einnehmen.

§. 67.

Der wahre Inhalt des berliner Probequarts beträgt daher $65\frac{17}{41}$ brandenburgische oder sehr genau 59 pariser Kubikzoll.

Im vierten Bande von den Schriften der berliner Gesellschaft naturforschender Freunde, Seite 39, beschreibt der verstorbene Hr. ꝛc. Silberschlag eine von ihm vorgenommene Vermessung des berliner Quarts, und findet dasselbe $= 68^{c''} + 130^{c'''} + 110^{c''''}$, aber ohne dabei anzugeben, ob das ausgemessene Gefäß, ein Probemaaß von dem berliner Rathhause oder ein anderes, nach demselben verfertigtes Gefäß gewesen ist. Auch ist die Ausmessung mit dem Maaßstabe bei dergleichen Gefäßen, wegen ihrer konischen Gestalt die sich nach oben verengt, sehr unsicher, und es lassen sich dieserhalb mit Sicherheit keine Folgen daraus herleiten.

Um zu übersehen wie abweichend die Größe des berliner Quarts in verschiedenen Schriften angegeben wird, dient nachstehende Zusammenstellung:

		Par. Kubikzoll.	
nach	Wilhelm . . .	58,77	De mens. §. 11. p. 19. 20.
=	Kruse	58,0	Contor. 1. Bd. S. 441.
=	v. Münchhausen .	57,0	Hausv. 1. Th. S. 591.
=	Hube	56,7	Landw. 2. Bd. S. 197.
=	Silberschlag . .	61,5	a. a. O.
=	Nelkenbrecher . .	58,0	Taschenb. 1793. S. 31.
=	Gerhard . . .	58,0	Contor. 1. Bd. S. 48.

wobei es merkwürdig ist, daß die älteste Angabe vom Jahr 1717 nur $\frac{23}{100}$ Kubikzoll vom wahren Inhalte abweicht.

Wollte man dem berliner Quart, wegen der §. 49. angegebenen Gründe, eine viereckigte Form geben, so würde dasselbe etwa folgende Abmessungen erhalten können.

3 Werkzoll Länge,

3 Werkzoll Breite, und

$7\frac{11}{41}$ Werkzoll oder beinahe $7'' \, 3\frac{2}{9}'''$ Höhe,

welches den erforderlichen Inhalt $3 \times 3 \times 7\frac{11}{41} = 65\frac{17}{41}$ Kubikzoll giebt.

Ein cylinderförmig 4 Werkzoll weites Quart erhält 5,2056 Zoll oder beinahe $5\frac{1}{5}$ Zoll Höhe. Im letzten Falle ist der Inhalt desselben 65,345 brdb. Kubikzoll.

Erhält

Erhält ein cylinderförmiges Quart nur $3\frac{1}{2}$ Werkzoll Weite, so ist die erforderliche Höhe 6,79905 oder beinahe $6\frac{4}{5}$ Zoll. Im letzten Falle ist alsdann sein Inhalt 65,4237 brdb. Kubikzoll.

§. 68.

Bei dem Weinmaaße finden folgende Unterabtheilungen statt:

Fuder.	Oxhoft.	Ohm.	Eimer.	Anker.	Quart.	Oeßel.
1	4	6	12	24	768	1536
	1	$1\frac{1}{2}$	3	6	192	384
		1	2	4	128	256
			1	2	64	128
				1	32	64
					1	2

Hienach hält:

das Fuder	50238,439	brandenb. Kubikzoll;
das Oxhoft	12559,610	= =
das Ohm	8373,073	= =
der Eimer	4186,537	= =
der Anker	2093,268	= =
das Quart	65,415	= =
das Oeßel	32,707	= =

Das Biermaaß wird folgendergestalt eingetheilt:

Gebräude.	Kufen.	Faß.	Tonnen.	Oehmch.	Quart.	Oeßel.
1	9	18	36	144	3456	6912
	1	2	4	16	384	768
		1	2	8	192	384
			1	4	96	192
				1	24	48
					1	2

Hienach hält:

das Gebräude	225072,975	brandenb. Kubikzoll;
die Kufe	25119,219	= =

das Faß	12559,610	brandenb.	Kubikzoll;
die Tonne	6279,805	=	=
das Oehmchen	1569,951	=	=
das Quart	65,415	=	=
das Oeßel	32,707	=	=

Es ist daher das Oxhoft Wein mit dem Faß Bier von gleicher Größe.

§. 69.

Die Größe der Biergemäße einiger neumärkschen Städte wurde im Jahre 1713 nach den eingesandten Maaßen in Berlin untersucht, und man fand für den Inhalt von einem

Cottbusser Quart	$1\frac{3}{8}$	berliner	Quart
Crossener Quart	1	=	=
Cüstriner Quart	$1\frac{1}{8}$	=	=
Drossener Quart	1	=	=
Friedeberger Quart	$1\frac{1}{8}$	=	=
Woldenberger Quart	$1\frac{1}{8}$	=	=
Züllichauer Quart	1	=	=

§. 70.

1) Das Grundmaaß zu Flüssigkeiten, dessen man sich vormals in Preußen bediente, und welches von den Kreuzrittern seinen Ursprung nahm, war der culmer Stof, von welchem noch in Culm, Königsberg und Thorn die Normalgemäße aufbewahrt werden.

Wilhelm (de mensuris reg. borus. §. 11.) hat das metallne Muster, welches drei Stof groß, cylindrisch geformt, nnd sich auf dem altstädtschen Rathhause in Königsberg befindet, mit dem königsberger Fußmaaße ausgemessen und den Durchmesser 0,516 Fuß, die Höhe aber 0,702 dergleichen Fuß groß gefunden. Hienach berechnet er den Inhalt eines culmer Stofs auf $72\frac{1}{3}$ pariser Kubikzoll. Weil diese Rechnung aber nicht mit der erforderlichen Genauigkeit ausgeführt ist, und bei der Ausrechnung Brüche als Ganze angenommen worden, so ist dieser Inhalt zu groß. Nach § 6. n. 5. vergleichen sich nach Wilhelms eigenen Angaben 51 königsberger genau mit 50 brandenburgischen Fußen; hienach sind 0,561 königsberger = 0,50588 brandenburgischen, und 0,702 königsberger = 0,688235 brandenburgischen Fußen. Hienach hält, wenn alles genau berechnet wird, 1 culmer Stof 79,679 brandenburgische = 71,865 pariser Kubikzoll.

Durch Ausmessung eines halben Stofs, welcher nach dem culmer original Stof geeicht war, fand Hr. Hube (Landw. 2. B. S. 183) für die Größe des ganzen Stofs = 69,83 pariser Kubikzoll.

In Preußen werden allgemein $\frac{13}{10}$ berliner Quart auf den Stof gerechnet, dieses giebt für den Inhalt desselben $\frac{13}{10}$. 59 = 72,7 pariser Kubikzoll.

Auf den berliner Scheffel rechnet man $38\frac{1}{4}$ Stof, welches nicht nur mit Wilhelms Angaben (de mensur. reg. bor. §. 13.) übereinstimmt, sondern auch allgemein in Preußen statt findet. Dieses giebt für die Größe eines Stofs $\frac{2758,952}{38,25}$ = 72,129 pariser Kubikzoll.

Nach dem königsberger 36 stofichten Scheffel werden 60 Scheffel auf die amsterdammer Last gerechnet. Der amsterdammer Scheffel hält 1443 pariser Kubikzoll und die Last 108 dergleichen Scheffel, daher findet man für den culmer Stof $\frac{108 \cdot 1443}{36 \cdot 60}$ = 72,15 pariser Kubikzoll. Vergleicht man die angeführten Thatsachen und die daraus gezogenen Resultate mit einander, so ergiebt sich, daß mit Sicherheit für die Größe des culmer Stofs 72 pariser Kubikzoll angenommen werden können.

Der Stof wird in Halbe und Viertel eingetheilt. Die culmer Biertonne hielt 100 culmer Stof, und 12 Tonnen eine Last. Bei dem Weinmaaße hielt der Ohm 4 Anker oder 132 culmer Stof, ein Fuder aber 6 Ohm. Im sechszehnten Jahrhundert fing man an, auf das preußische Ohm nur 110 Stof, also auf den Anker $27\frac{1}{2}$ Stof zu rechnen.

2) Die warschauer Garnitze ist die Einheit für das kronpolnische Flüssigkeitsmaaß. Sie hält nach §. 54. n. 6. 190 pariser oder $210\frac{21}{32}$ brandenb. Kubikzoll.

Die jetzt noch gebräuchliche Eintheilung des Flüssigkeitsmaaßes ist eben dieselbe, welche die Constitution vom Jahr 1764 vorschreibt. Nachstehende Tafel enthält diese Eintheilung.

Tonne. Beczka.	Halbtonnen. Polbeczky.	Kannen. Konwie.	Garnitzen. Garci.	Quarte. Kwarti.	Quartchen. Kwaterky.
1	2	$14\frac{2}{5}$	72	288	1152
	1	$7\frac{1}{5}$	36	144	576
		1	5	20	80
			1	4	16
				1	4

Hienach hält die warschauer Tonne 13680 pariser Kubikzoll, und es vergleichen sich genau

59 warschauer Garnitzen mit 190 berliner Quart,

oder beinahe

9 warschauer Garnitzen mit 29 berliner Quart.

3) Das lithauensche Flüssigkeitsmaaß ist durch die Constitution vom Jahr 1766 dergestalt bestimmt, daß auf eine Getreidetonne 144 Schenkgarnitzen und auf ein Gefäß (Czaska) nach welchem der Meth gemessen wird, 12 Schenkgarnitzen gehen sollen.

Eintheilung des lithauenschen Flüssigkeitsmaaßes.

Czaska.	Schenkgarnitzen.	Halbe Garnitzen.	Quarte.	Halbe Quarte.
1	12	24	48	96
	1	2	4	8
		1	2	4
			1	2

Die kleine oder Schenkgarnitze hält nach §. 54. 142,324 pariser oder 157,8 brandenburgische Kubikzoll, oder beinahe $2\frac{5}{12}$ berliner Quart. Genauer vergleichen sich:

17 lithauensche Schenkgarnitzen mit 41 berl. Quart.

§. 71.

Das breslauer Quart, welches für Schlesien als Flüssigkeitsmaaß zur Einheit dient, enthält nach den genauesten Ausmittelungen des Hrn. Prof. Scheibels, 35,039 pariser oder nahe $38\frac{5}{8}$ brandenb. Kubikzoll. Die daselbst gebräuchliche Eintheilung des Weinmaaßes ist folgende:

Eimer.	Topf.	Quart.	Quartierlein.
1	20	80	320
	1	4	16
		1	4

Auf eine Tonne rechnet man 200 breslauer Quart.

§. 72.

Im Fürstenthum Eichsfeld ist das rheinische Weinmaaß üblich, und man rechnet auf das Ohm 80 Maaß oder 160 Bouteillen. Bei dem Brandtwein rechnet man auf das Faß 54 Stübchen oder 108 Kannen, oder 216 Maaß, oder 864 Kännchen.

Bei dem Biermaaße rechnet man im Obereichsfelde auf das Faß 36 Eimer oder 180 Kannen, oder 360 Maaß; wogegen im Untereichsfelde auf das Faß 110 Stübchen oder 220 Kannen, oder 440 Maaß gerechnet werden.

Auf das Weinmaaß in Heiligenstadt und Duderstadt rechnet man 47, und auf das Biermaaß in Heiligenstadt 56 pariser Kubikzoll.

In Nordhausen hält ein Faß 4 Tonnen oder 114 Stübchen, oder 228 Kannen, oder 456 Maaß, oder

912 Nößel, deren jedes 122,22 brandenb. oder 110,23 pariser Kubikzoll groß ist.

In Mühlhausen rechnet man bei dem Weine auf den Eimer 9 Stübchen oder 18 Kannen, oder 36 Maaß, oder 72 Nößel; bei dem Biere rechnet man auf das Faß 5 Eimer oder 50 Stübchen, oder 100 Kannen, oder 200 Maaß, oder 400 Nößel.

Das Weinmaaß hält 51,47 pariser oder 57,07 brandenburgische, und das Biermaaß 44,08 pariser oder 48,87 brandenburgische Kubikzoll.

§. 73.

Das vormalige Flüssigkeitsmaaß in der Grafschaft Mark war die cölnische Kanne, deren 108 auf ein Ohm gehen. Nach der §. 59. angeführten Vergleichung der Maaße im Herzogthum Cleve und der Grafschaft Mark, vergleichen sich 108 cölnische Kannen mit $125\frac{1}{2}$ berliner Quart; hienach hält eine cölnische Kanne 1,162 berliner Quart oder 68,557 pariser Kubikzoll. Nach den angeführten Reductionstabellen für das Ruhrdepartement, (S. 8.) ist durch unmittelbare Ausmessung des metallnen Eichmaaßes für den Inhalt der cölnischen Kanne 1,3122 provisorische Liter gefunden worden, welche sich mit 66,151 pariser Kubikzoll vergleichen. Da nun die Größe von einem Ohm in der Grafschaft Mark sich ursprünglich auf die Größe der cölnischen Kanne gründet und die angegebene Ausmittelung der Größe des Eichmaaßes als zuverläßig anzunehmen ist, so hält hienach in der Grafschaft Mark ein Ohm 7144,3 pariser Kubikzoll. Eben so groß ist das Ohm im Herzogthum Cleve, ausgenommen daß hier dasselbe in 112 Kannen eingetheilt wird, deren jedes also 63,78 pariser Kubikzoll hält.

§. 74.

Die Muttermaaße zu den Flüssigkeiten für das Fürstenthum Anspach werden auf dem Rathhause in Anspach aufbewahrt. Hieher gehören das Schenkmaaß, das Seidlein, und der Schoppen, welche sämmtlich von Metall sind, und eine unregelmäßige birnförmige Gestalt haben, deren Alter aber nicht auszumitteln ist, ob sie gleich nicht sehr alt zu seyn scheinen. Im Jahr 1800 wurde auf höhere Verfügung durch den Hrn. Kriegsrath Relin der Inhalt dieser Maaße mittelst genauer Abwiegung des in denselben enthaltenen Wassers bestimmt, und man fand den Inhalt:

des anspacher Maaßes . 68,3485 pariser K. Zoll
des anspacher Seidleins . 34,0394 = =
des anspacher Schoppens 17,0598 = =

Der kupferne Stadteimer, welcher sich auf dem Rathhause befindet, konnte zur sichern Bestimmung der Flüssigkeitsmaaße deshalb nicht benutzt werden, weil er nicht wasserdicht, und überdies stark verdrückt war, und eben so wenig konnte mit dem noch vorhandenen kupfernen Eichkübel eine sichere Untersuchung angestellt werden.

Die Eintheilung des anspacher Flüssigkeitsmaaßes ist folgende:

Eimer.	Schenkmaaß.	Seidlein.	Schoppen.
1	66	132	264
	1	2	4
		1	2

Es hält daher:

der anspacher Eimer . . . 4511 par. K. Zoll
das anspacher Schenkmaaß 68,3485 = =
das Seidlein . . . . . . 34,1742 = =
der Schoppen . . . . . 17,0871 = =

Mit dem berliner Maaße verglichen, hält

1 anspacher Eimer . . $76\frac{27}{59}$ berl. Quart
1 anspacher Schenkmaaß $1\frac{7}{44}$ = = beinahe.

und es vergleichen sich nahe genug:

44 anspacher Schenkmaaß mit 51 berliner Quart.

§. 75.

Von dem nürnberger Flüssigkeitsmaaß ist der dortige Stadteimer das vorzüglichste Original. Er wird auf dem Bauhofe aufbewahrt, ist aus Glockenmetall gegossen, und hat eine glockenförmige unregelmäßige Gestalt. Außerhalb desselben befindet sich folgende Inschrift: Anno domini m. ccc. lxxx. vi. vor pfingsten. gerechtigkeit ist ein hort, wer recht tut der gewinnt ain gut wort. Die oberste Weite dieses Gefäßes beträgt 265,37 pariser Linien, und sein Inhalt durch die Ausmittelung mit Wasser 3714,538 oder $3714\frac{7}{13}$ pariser Kubikzoll. Diese Angabe gründet sich auf die sorgfältige Ausmessung dieses Gefäßes, welche Hr. Kriegsrath Pelin zur Berichtigung der anspacher Gemäße im Jahr 1800 in Gegenwart nürnberger Kommissarien bewerkstelligte.

Der Eimer wird in 32 Visirviertel eingetheilt, wovon hienach jedes $116\frac{2}{25}$ pariser Kubikzoll hält. Das Visirviertel hält 4 alt nürnberger Seidlein, davon jedes $29\frac{1}{50}$ pariser Kubikzoll groß ist. Zwei Seidlein geben ein Visirmaaß von $58\frac{1}{25}$ pariser Kubikzoll Inhalt. Nach diesen Maaßen werden sämmtliche Bier- und Weinfässer in Nürnberg geeicht, auch müssen danach die Brauer ihr Bier an die Schenkwirthe abliefern. Zum Ausschenken der Getränke dient das Schenkmaaß, welches der 68ste Theil eines Eimers ist, und $54\frac{5}{8}$ pariser Kubikzoll hält. Das Schenkmaaß hält 4 Schoppen von $13\frac{21}{32}$ pariser Kubikzoll. Von dem Schenkmaaß ist ebenfalls ein Muttergemäß von gegossenem Messing vorhanden, welches eine nach oben verengte abgekürzt konische Gestalt hat, und mit einer hornförmigen Handhabe versehen ist.

Hienach hält:

1 nürnberger Eimer	$62\frac{23}{24}$	berl. Quart
1 nürnberger Visirviertel . . .	$1\frac{57}{59}$	= =
1 nürnberger Schenkmaaß beinahe	$\frac{25}{27}$	= =

§. 76.

Vergleichung einiger Flüssigkeitsmaaße.

Ort	Maaß	Par. Kubikzoll.	Quelle
Amsterdam,	Oxhoft .	10980	Hube, Landw. 2. Bd. S. 211.
		11527	de Marre, Ber p 28
	Anker .	1920	Kruse, Contor 1 Bd. S 441.
		1948,5	Paucton, Metr p. 798.
		1921,18	de Marre, a a. O.
	Stekan .	960	Kruse, a. a. O.
		976	Hube, a. a. O.
		974,24	Paucton, a. a. O.
		960,58	de Marre, a. a. O
	Stoop .	120	Kruse, a. a. O.
		122	Hube, a. a. O.
		121,78	Paucton, a. a. O.
	Pot oder Mingel	60	Kruse, a. a O.
		61	Hube, a. a. O.
		60,89	Paucton, a. a. O.
		60,04	de Marre, Ber. p 28.
	Pinte .	30	Kruse, a. a. O.
		30,5	Hube, a. a. O.
		30,44	Paucton, a. a. O
		30,02	de Marre, a. a O.
Berlin,	Eimer . .	3776	§. 67.
	Quart . .	59	§. 67.
Bourdeaux,	Tonneau	41472	Paucton, Mètr. p. 801.
	Barique	12000	Kruse, a. a. O.
	(gr. jauge)	10368	Paucton, a. a. O.
	Pot . .	109	Kruse, a. a. O.
		103,7	Paucton, a. a. O.
	Pinte .	51,8	Paucton, a. a. O.
	Chopine	25,9	Paucton, a. a. O.
Braunschweig,	Stübchen	185	Kruse, a. a. O.
		177	v. Münchhausen, Hausv. 1. Th. S. 591.
Breslau,	Eimer . .	2803,12	Scheibel, ökon. Nachr. 1778. S. 871.
	Quart . .	35,039	Scheibel, ökon. Nachr. 1778. S. 871.

	Par. Kubikzoll.	
Cleve, Ohm . . .	7144,3	
Kanne . . .	63,78	§. 78.
Cöln, Ohm . . .	7144,3	
Kanne . . .	66,151	
Culm, Stof . . .	70	§. 70.
Dänemark, Anker .	1887	Kruse, a. a. O. S. 442.
	1899	Hube, a. a. O. S. 212.
	1898,4	Paucton, Métr. p. 801.
Pott . .	48,7	Kruse, a. a. O.
	48,6	Paucton, a. a. O.
Päle . .	12	Kruse, a. a. O.
	12,2	
Danzig, Ohm . . .	9218	Hube, a. a. O. S. 212.
Weinstof .	83,8	
Bierstof . .	115,7	„ „ „ S. 213.
Dresden, Biertonne	4956	
Eimer . .	3398	Kruse, a. a. O.
Anker . .	1699	
Kanne . .	47,2	
	47	Hube, a. a. O.
Duderstadt, Ohm .	3760	
Weinmaaß	47	§. 72.
Biermaaß	56	
Frankfurth a. M., Ohm	7230	
altes Maaß	90,375	Chelius, Vergl. S. 58.
neues Maaß	80,333	
Frankreich, Dekaliter	504,124	
Liter . .	50,412	§. 42.
Deciliter .	5,041	
Fulda, Eicheimer . .	3683,63	Chelius, Vergl. S. 121.
Maaß . . .	92,09	
Hamburg, Ohm . .	7300	
Anker . .	1825	Kruse, a. a. O.
Eimer . .	1460	
Stübchen	182,5	

		Par. Kubikzoll.	
Hamburg,	Kanne .	91, 25	Kruse, a. a. O. S. 442.
	Quartier .	45, 62	
Hannover,	Eimer . .	3136	
	Anker . .	1960	
	Stübchen .	196	
		195, 2	Hube, a. a. O. S. 214.
	Kanne od. Maaß	98	Kruse, a. a. O.
		97, 6	Hube, a. a. O.
	Quartier .	49	Kruse, a. a. O.
		48, 8	Hube, a. a. O.
Heidelberg,	Eichmaaß	99, 677	Chelius, Vergl. S. 188.
	Zapfmaaß	88, 095	
Heiligenstadt, wie Duderstadt.			
Leipzig,	Anker . . .	1912	Kruse, a. a. O. S. 443.
	Visirmaaß .	70, 8	
		70, 5	Hube, a. a. O. S. 215.
	Schenkkanne	60, 7	Kruse, a. a. O.
		60, 4	Hube, a. a. O.
Lithauen,	Czaska .	1707, 89	§. 70.
	Garnitze .	142, 324	
London, Weinmaaß:			
	Hogshead .	12034	Kruse, a. a. O.
		12022	Hube, a. a. O. S. 213.
	Gallon . . .	191	Kruse, a. a. O.
		190, 8243	Hube, a. a. O.
		189, 7	Paucton, Metr. p. 779.
	Pinte . . .	23, 875	Kruse, a. a. O.
		23, 858	Hube, a. a. O.
London, Biermaaß:			
	Barrel Hopfenbier	8386	Hube, a. a. O.
	Barrel Ale . .	7454, 5	
	Gallon . . .	232, 95487	
		233	Kruse, a. a. O.
	Pinte	27, 8693	Hube, a. a. O.
		29½	Kruse, a. a. O.

	Par. Kubikzoll.	
Mainz, Ohm . . .	6834,59	Chelius, Vergl. S. 150.
Weinmaaß .	58,432	
Biermaaß .	95,063	
Mühlhausen, Eimer .	1852,9	§. 72.
Weinmaaß	51,47	
Biermaaß	44,08	
München, Eimer .	3233,5	Chelius, a. a. O. S. 156.
Maaß . .	53,8923	
Nordhausen, Tonne .	12566	§. 72.
Maaß .	110,23	
Nürnberg, Stadteimer	3714,54	§. 75.
Visirviertel	116,8	
Visirmaaß	58,4	
Schenkmaaß	54,625	
Paris, alte Maaße:		
Muid de vin . .	13842	Paucton, Métr. p. 738.
Velte, Verge, Sêtier	384	
Pot, Quarte . .	96	
Pinte	48	
Chopine, Sêtier .	24	
Spanien, Weinmaaß:		
Botta	23820	Kruse, a. d. O. S. 444.
	24173	Paucton, Metr. p. 802.
Pipa	21392	Kruse, a. a. O.
	22560	Paucton, a. a. O.
Arrobas maj. .	794	Kruse, a. a. O.
	805,7	Paucton, a. a. O.
Quartillos . .	24,8	Kruse, a. a. O.
Spanien, Oelmaaß:		
Arrobas menores	620	Kruse, a. a. O.
	626,88	Paucton, a. a. O.
Quarterons . .	155	Kruse, a. a. O.
	156,7	Paucton, a. a. O.
Stuttgart, Helleichmaaß	92,6	Chelius, Vergl. S. 164.

	Par. Kubikzoll.	
Ungarn, Eimer . .	3696	Kruse, a. a. O. S. 446.
oberungar. Anthal	3600	Hube, a. a. O. S. 220.
niederungar. Anthal	2536	
Anthal Tokayer	2548	Vega, Taf. 2. B. S. 854.
Warschau, Tonne . .	13680	§ 70.
Garnitze .	190	
Wien, Eimer . . .	2852	Vega, a. a. O. S. 855.
Maaß . . .	71,3	
Würzburg, Eimer .	3783	Chelius, Vergl. S. 171.
Trubeichmaaß	59,1096	

§. 77.

Außer den angeführten allgemeinen Körper-, Getreide- und Flüssigkeitsmaaßen, kommen noch einige andere vor, welche durch die vorhergehenden bestimmt werden.

Bei dem Salzmaaße wird die Last von 60 berliner Scheffel zu 8 Tonnen gerechnet. Die Tonne Salz wiegt 405 ℔ berliner Handelsgewicht.

Die Kalkmaaße sind sehr verschieden. Der rohe oder ungebrannte Kalkstein wird nach Prahmen gerechnet, welche sonst 412 bis 427 Kubikfuß brandenburgisch, inclusive Zwischenräumen enthielten. Gegenwärtig werden die Kalksteine möglichst dicht gesetzt, und man rechnet auf den Prahm, inclusive Zwischenräume, 300 Kubikfuß. Dieses giebt 10 Fuß zur Länge, 10 Fuß Breite und 3 Fuß Höhe. Auf die Zwischenräume kann man etwa ein Drittel des Ganzen abrechnen.

Der gebrannte Steinkalk wird nach Winspel oder Tonnen gerechnet. Der Winspel hält $10\frac{1}{4}$ und die Tonne $6\frac{1}{4}$ brdb. Kubikfuß an Inhalt. Nach Abzug der Zwischenräume kann man rechnen, daß in dem Winspel 7 und in der Tonne etwa 4 Kubikfuß gebrannter Kalk enthalten sind.

Der gebrannte Mergelkalk wird nach Tonnen oder Winspel gerechnet. Die Tonne hält $3\frac{1}{4}$ bis $3\frac{1}{3}$ rheinl. Kubikfuß, der Winspel aber 24 berl. Scheffel.

Den rohen oder ungebrannten Gyps (aus Sperenberg) rechnet man nach Prahmen, welche 21 Fuß lang, $7\frac{1}{2}$ Fuß breit und $2\frac{1}{2}$ Fuß hoch sind, also $393\frac{3}{4}$ brdb. Kubikfuß an Inhalt haben. Den gebrannten oder Mehlgyps rechnet man nach Tonnen, deren jede 5 berliner Scheffel hält.

Feldsteine werden gewöhnlich nach Schachtruthen von 144 Kubikfuß ausgemessen. In Berlin bedient man sich aber auch zu ihrem Maaße der Kumme von 12 Kubikfuß, in den Provinzen hingegen sind an manchen Orten Achtel gebräuchlich, welche 216 Kubikfuß Inhalt haben, und der achte Theil einer Kubikruthe sind.

Vom Brennholze hält der berl. Haufen $4\frac{1}{2}$ Klafter. Das Klafter in Berlin und in der ganzen Kurmark, Neumark und Pommern ist 6 Fuß lang und 6 Fuß hoch, der Haufen in Berlin aber 18 Fuß lang und 9 Fuß hoch. Die Holzklobe ist 3 Fuß lang. In Ostpreußen, Westpreußen und Lithauen ist das Achtel Brennholz 8 Fuß lang, 9 Fuß hoch und die Klobe hat 5 Fuß Länge.

Holzkohlen werden nach Tonnen gemessen, welche 3 gehäufte Scheffel berliner Maaß halten.

Bei Steinkohlen rechnet man auf den Haufen 28 berliner Scheffel.

Den Torf rechnet man nach Haufen von 6 großen oder 240 kleinen Maaßkörben. Auf den großen Maaßkorb gehen 1000 und auf den kleinen 25 Stück Torf, also auf den Haufen 6000 Stück. Ein Torfstück hat etwa 90 Kubikzoll Inhalt.

Vierter Abschnitt.

Vergleichung der Gewichte.

§. 78.

Aus den bereits angeführten Landesgesetzen gehet hervor, daß in den Königl. Staaten, Schlesien ausgenommen, nur einerlei Gewichte im Gebrauche seyn sollen. Die Originale dieser Gewichte befinden sich auf dem hiesigen Ajustirungs-Comtoir in Verwahrung und bestehen in folgenden:

I. Das Hauptrichtgewicht oder die cölnische Münz-Mark, welche in den preußischen Staaten sowohl als in Deutschland zum Normalgewicht für alle Münzen festgesetzt ist. Dieses Gewicht ist auch als Gold- und Silbergewicht im Gebrauch.

II. Das berliner Handelsgewicht, wonach alle Kaufmannswaaren abgewogen werden. Das Fleischergewicht ist eine besondere Abtheilung desselben.

III. Das Medizinalgewicht, welches nur in den Apotheken vorkommt.

IV. Das Juwelengewicht, welches zum Abwiegen der Perlen, Diamanten und Edelsteine gebraucht wird.

§. 79.

Das Hauptrichtgewicht zu allen Abwiegungen des Goldes, Silbers und der Münzen, soll bei uns die cölnische Mark seyn, welche unter allen Gewichten Deutschlands deshalb noch mit erträglicher Genauigkeit erhalten werden kann, weil sich in Cöln am Rhein das Original befindet, und weil diese Mark als deutsches Münzgewicht mit Sorgfalt in den Münzen aufbewahrt wird. Dieses Gewicht ist eins der ältesten Deutschlands, dessen Entstehung in die Mitte des zwölften Jahrhunderts fällt. Auf dem hiesigen Ajustirungsamte befindet sich ein 64 Mark schweres Einsatzgewicht von Messing, dessen Hülse 32 Mark und jeder folgende Einsatz bis auf $\frac{1}{16}$ Loth, halb so viel als der vorhergehende wiegt. Auf dem Deckel der Hülse ist die Inschrift: 64 Mark Gesetzmaes. Gold- und Silbergew. Gniser. Berlin, 1785. Die königliche Münze hat ebenfalls als Muttergewicht ein 32 Mark schweres messinges Einsatzgewicht, und auf dem Deckel der 16 Mark schweren Hülse die Aufschrift: 32. C. M. Es soll vor etwa 50 Jahren verfertigt seyn. Bei einer Vergleichung dieser Gewichte unter einander und mit dem französischen Grammengewichte *), fand man bei beiden die größern Gewichte verhältnißmäßig etwas schwerer als die kleinern, im Durchschnitt aber das Gewicht der cölnischen Mark = 233,811 Grammen. Ob gleich diese Mark als Einheit zum Abwiegen des Silbers und Goldes dient, so wird solche doch für beide Fälle besonders abgetheilt.

Eintheilung des cölnischen Silbergewichts.

Pfund.	Mark.	Unzen.	Loth.	Quent.	Pfennige	Grän.	Richtpfennige.
1	2	16	32	128	512	576	131072
	1	8	16	64	256	288	65536
		1	2	8	32	36	8192
			1	4	16	18	4096
				1	4	$4\frac{1}{2}$	1024
					1	$1\frac{1}{8}$	256
						1	$227\frac{5}{9}$

Außer-

*) Das Grammengewicht, dessen man sich zu dieser Abwiegung bediente, war von dem Hrn. Assessor Schaffrinski mit der äußersten

Außerdem pflegt auch zuweilen der Pfennig in zwei Heller getheilt zu werden.

Eintheilung des cölnischen Goldgewichts.

Mark.	Unze.	Karat.	Grän.	Richtpfennige.
1	8	24	288	65536
	1	3	36	8192
		1	12	$2730\frac{2}{3}$
			1	$227\frac{5}{9}$

§. 80.

Das berliner Handelsgewicht ist nach dem alten berliner Normalpfunde beibehalten worden. Das hienach verfertigte Standartengewicht, welches unter der Aufsicht des hiesigen Magistrats sorgfältig aufbewahrt wird, besteht aus einem 28 Pfund schweren messingenen Einsatzgewicht, und hat auf dem Deckel der 12 Pfund schweren Hülse folgende Aufschrift: 28. Berl. Kr. ℔. Original Richt Gev. — Auf allerg. kgl. Befehl im Jahr 1785. verfert. v. d. Mech. Gniser. Nächst der 12 Pfund schweren Hülse wiegt der folgende Einsatz 8 Pfund, und jeder folgende die Hälfte des vorhergehenden bis auf $\frac{1}{16}$ Loth. Dieses Standartengewicht ist nach der Angabe des Hrn. Mechanikus Gniser so verfertigt worden, daß genau 131328 Richtpfennige auf das Pfund gehen. Hienach ist das berliner Pfund um 256 Richtpfennige oder genau $\frac{1}{4}$ Quentchen schwerer als das Münzgewicht. Da der Unterschied zwischen dem

---

Sorgfalt verfertigt, so daß die Unterabtheilungen vom Kilogramm bis Milligramm genau übereinstimmten. Von der Richtigkeit des Kilogramms überzeugte man sich dadurch, daß solches mit dem Kilogramm des Hrn. Professor Tralles übereinstimmte, welches derselbe, als Mitglied der Kommission zur Bestimmung der neuen französischen Maaße und Gewichte, aus Paris mitgebracht hat. Auch war dasselbe mit demjenigen Kilogramm von gleichem Gewichte, welches der Hr. Obermedizinalrath Klaproth als ein Geschenk des pariser Nationalinstituts besitzt.

Handels- und Münzgewicht so gering ist, daß solcher beim Verkehr im Handel nicht in Betrachtung kommt, so wäre es zu wünschen, daß der Unterschied zwischen beiden Gewichten aufgehoben, und das Handelspfund eben so groß als das Münzpfund angenommen würde.

Eintheilung des berliner Handelsgewichts.

Pfund.	Mark.	Unze.	Loth.	Quent.	Pfenige.	Heller.	Richtpfennige.
1	2	16	32	128	512	1024	131328
	1	8	16	64	256	512	65664
		1	2	8	32	64	8208
			1	4	16	32	4104
				1	4	8	1026
					1	2	256½
						1	128¼

Bei größern Gewichten finden noch folgende Eintheilungen statt:

Centner.	Schw. Stein.	Leichter Stein.	Pfund Handelsgewicht.
1	5	10	110
	1	2	22
		1	11

Schiffsgewichte.

Last.	Schiffspfund.	Liespfund.	Pfund Handelsgewicht.
1	12	240	3360
	1	20	280
		1	14

Das Fleischer- oder Schlächtergewicht ist schwerer als das Handelsgewicht, und man rechnet 11 Pfund Handelsgewicht auf 10 Pfund Schlächtergewicht.

§. 81.

In dem größten Theile von Deutschland ist das nürnberger Medizinalgewicht in den Apotheken eingeführt, und im Jahr 1786 wurde durch einen Direktorial-Befehl dasselbe bei uns als Normal-Medizinalgewicht ebenfalls festgesetzt. Das zu diesem Ende von dem Magistrat in Nürnberg verschriebene Apotheker-Pfund, welches mit dem dortigen Original genau übereinstimmte, wurde zur Richtschnur angenommen. Es besteht aus einem Satze messingener Gewichte von der Gestalt viereckigt abgekürzter Pyramiden von 1 Pfund bis 1 Gran, wo jedes folgende Gewicht die Hälfte des vorhergenden ist. Das größte Gewicht hat die Aufschrift: 100224 Richt Pf. — Medicingewicht. 12 Unzen. An der Seite steht: Anno 1786. J. F. Mayer, und jedes einzelne Gewicht ist mit dem nürnberger Wappen versehen. Hienach ist das Pfund Medizinalgewicht 30848 Richtpfennig leichter, als das Münzpfund, oder ein Medicinalpfund hält genau 24 Loth $1\frac{3}{32}$ Quentchen oder beinahe $\frac{3}{4}$ Pfund Münzgewicht.

Eintheilung des Medizinalgewichts.

Pfund. ℔	Unzen. ℥	Drachmen ʒ	Skrupel. ℈	Gran. gr.	Richtpfennig.
1	12	96	288	5760	100224
	1	8	24	480	8352
		1	3	60	1044
			1	20	348
				1	$17\frac{2}{5}$

§. 82.

Es sind vorzüglich zweierlei Arten von Juvelengewichte im Gebrauch, das Englische und das Holländische. Beide sind aber sehr wenig von einander verschieden, weil 64 Karat holländisches Juwelengewicht nur um 5 Richtpfennige schwerer sind, als eben so viel Karat englisches. Durch einen Direktorial-Befehl vom Jahr 1786 ist das englische Juwelengewicht für die preussischen Staaten festgesetzt worden. Das größte Normal-Juwelengewicht auf dem hiesigen Ajustirungs-Comtoir wiegt 64 Karat, die genau mit 3688 Richtpfennigen übereinkommen. Hienach hält also ein Karat berliner oder englisches Juwelen-Gewicht $57\frac{5}{8}$ cölnische Richtpfennige.

Der Karat wird in $\frac{1}{2}$be, $\frac{1}{4}$tel, $\frac{1}{8}$tel, $\frac{1}{16}$tel, $\frac{1}{32}$tel und $\frac{1}{64}$tel Karat getheilt; auch rechnet man auf denselben 4 Grän.

§. 83.

Die Größe mehrerer Gewichte von Städten in der Neumark wurde im Jahr 1713 von derselben Kommission ausgemittelt, welche den Inhalt der Scheffel (§. 52.) bestimmte. Die Resultate sind in nachstehender Tafel enthalten.

Namen der Oerter.		Berliner Handelsgewicht.		
		Pfund	Loth.	Quent.
Cottbus	Kramer-Pfund	—	31	$2\frac{3}{4}$
= = ...	Fleischer =	—	29	1
Crossen	Kramer =	1	2	2
= = ...	Fleischer =	1	1	2
= =	der Stein Wollgew. von 22 Pfd.	23	15	—
Cüstrin	Kramer-Pfund	—	31	3
Drossen	= =	1	—	—
	der leichte Stein von 11 Pfd.	11	1	—
Schiefelbein	Kramer-Pfund	1	4	1
Woldenberg	= =	1	—	—
Züllichau	= =	1	—	—
= = ...	Fleischer =	1	1	$1\frac{1}{2}$
= = ...	Woll =	1	1	2

§. 84.

Die Größe des vormaligen stettinischen Pfundes, ist im Licent-Reglement für das Herzogthum Vor- und Hinter-Pommern, de dato Berlin, den 10. Sept. 1726, dergestalt bestimmt, daß das berliner Pfund von 32 Loth um $1\frac{2}{5}\frac{2}{5}$ Loth leichter, als das ehemalige stettiner ist.

Das vormalige preußische Pfund, welches noch zuweilen in Königsberg unter dem Namen des alten Gewichtes vorkömmt, hält 7932 holländische Aß. (Hube Landw. 2. Bd. S. 73. u. f.)

§. 85.

In Schlesien und der Grafschaft Glatz ist das breslauer Gewicht als Normalgewicht eingeführt. Die Angaben über die Größe desselben sind sehr verschieden, denn das Pfund soll halten

nach Kruse	. . .	8434	holländ. Aß,
„ Hube	. . .	8421	„ „
„ Münchhausen		8413	„ „
„ Vega	. . .	$8426\frac{1}{4}$	„ „

Im berliner Münz-Edikt vom 29. März 1764 ist aber bestimmt, daß 24 Pfund 13 Loth 1 Quent berliner Gewicht mit 28 Pfund 7 Loth 1 Quent breslauer Gewicht übereinkommen; daher ist das Verhältniß des breslauer zum berliner Pfund wie 3125 zu 3613, und hienach erhält man, weil auf das berliner Pfund 9747 holländische Aß gehen (§. 94), für das breslauer Pfund 8430,5 holländische Aß.

Nach dem Edikt vom 31. Januar 1796. (§. 22.), soll 1 Centner breslauer Gewicht mit 1 Centner 4 Pfund $5\frac{7}{17}$ Loth berliner Gewicht übereinkommen, daher verhält sich das breslauer zum berliner Pfund wie $3653\frac{7}{13}$ zu 4224; und hieraus findet man für das breslauer Pfund 8429,8 holländische Aß.

Es läßt sich also mit Sicherheit festsetzen, daß auf das breslauer Pfund 8430 holländische Aß gerechnet werden müssen.

Schiffpfund.	Centner	Stein.	Pfund.	Loth.	Quentchen.
1	3	$16\frac{1}{2}$	396	11808	47232
	1	$5\frac{1}{2}$	132	4224	16896
		1	24	768	3072
			1	32	128
				1	4

§. 86.

Das polnische Gewicht und dessen Eintheilung ist durch die Constitution vom Jahr 1764 festgesetzt, nach welcher 1 Stein 32 Pfund, und das Pfund 32 breslauer Loth halten soll. Ferner soll 1 Centner 5 Stein, ein Schiffpfund 13 Stein und 1 Mark 16 Loth enthalten. Hieraus ergiebt sich, daß die Größe des warschauer Pfundes mit dem breslauer Pfunde übereinstimmt, daß aber die Eintheilung der Gewichte von der §. 85. verschieden ist.

Die Größe und Eintheilung der lithauenschen Gewichte, ist durch die Constitution vom Jahr 1766 festgesetzt, nach welcher das lithauensche Pfund um den fünften Theil kleiner als das berliner seyn soll. Die Eintheilung enthält nachstehende Tafel.

Centner.	Stein.	Pfund.	Loth.
1	5	200	6400
	1	40	1280
		1	32

Das lith. Pfund Fleischergewicht hält 50 lith. Loth.

Hienach ist:

1 lith. Pfund (Funt) = $\frac{4}{5}$ berl. Pfd. = $25\frac{3}{5}$ Loth berl. Handelsgewicht;
1 lith. Centner (Bierkowieć) = 160 Pfd. berl. H. G.
1 „ Stein (Kamyn) = 32 „ „ „ „
1 „ Loth (Łót) = $\frac{4}{5}$ Loth „ „ „
1 „ Pfund Fleischergewicht = 1 Pfund 8 Loth berl. Handelsgewicht.

§. 87.

Im Obereichsfelde ist das heiligenstädter Pfund von 130291 cölnischen Richtpfennigen gebräuchlich. Das Untereichsfeld hat duderstädter Gewicht, von welchem das Pfund 130870 Richtpfennige enthält. Der Centner im Obereichsfelde hat 110, und im Untereichsfelde 112 Pfund. Im Amte Treffurt und in Wahlhausen hat der Centner 108 Pfund, jedes Pfund zu 136273 cölnische Richtpfennige gerechnet.

In Nordhausen und Mühlhausen ist cölnisches Markgewicht. Auf den Centner gehen in Nordhausen 114, in Mühlhausen 110 Pfund.

Es vergleichen sich

286 duderstädter Pfund	mit	285	berlin. Pfunden,	
127 heiligenstädter	=	126	=	=
513 mühlhauser	=	512	=	=

§. 88.

Die Größe der in Ostfriesland vorkommenden Pfunde, deren 100 auf einen Centner gerechnet werden, ist in nachstehender Tafel durch Vergleichung mit dem berliner Handelsgewichte bestimmt.

Namen der Städte.		Berl. Handelsgew. Centn.	Pfund.	Loth.
Aurich	Centner	—	101	18
	Pfund	—	1	— $\frac{1}{2}$
Berum	Centner	1	—	30
	Pfund	—	1	$3\frac{1}{2}$
Emden, Gretsyhl, Pewsum	Centner	—	100	—
	Pfund	—	1	—
Esen	Centner	1	2	$3\frac{1}{2}$
	Pfund	—	1	$3\frac{7}{8}$
Leer und Stückhausen	Centner	—	104	$3\frac{1}{4}$
	Pfund	—	1	$1\frac{5}{16}$
Norden	Centner	—	105	$27\frac{1}{2}$
	Pfund	—	1	$1\frac{7}{8}$
Wittmund und Friedeburg	Centner	1	2	$22\frac{1}{2}$
	Pfund	—	1	$4\frac{1}{16}$

§. 89.

Im Fürstenthum Anspach ist durch die Polizei-Deputations-Verordnung vom 16. August 1774, das alte anspacher Gewicht abgeschafft worden, (von welchem 50 Pfund mit 51 Pfund nürnberger Handelsgewicht überein stimmen) und an dessen Stelle das nürnberger Handelsgewicht eingeführt worden. Auf Veranlassung der königl. anspachschen Kriegs- und Domainen-Kammer ist durch den Hrn. Kriegsrath Yelin im Jahr 1800 das Muttergewicht in Nürnberg mit Einwilligung des dortigen Magistrats genau untersucht worden, und man fand, daß ein Pfund Handelsgewicht mit 10600 Aß vom holländischen Troygewichte übereinstimmen, und daß auf ein Pfund nürnb. Handelsgewicht 17 Unzen $\frac{3}{4}$ Drachmen $3\frac{1}{2}$ Gran nürnb. Medizinalgewicht gehen.

Hienach verhält sich das nürnb. Handelsgewicht zum Medizinalgewichte, wie 82085 zu 57600, und man findet, daß ein Pfund nürnb. Medizinalgewicht mit $7438\frac{7}{50}$ Aß des holländ. Troygewichts übereinstimmen.

Da nun ein berliner Pfund Handelsgewicht 9747 Aß schwer ist, so vergleichen sich

60 anspacher Pfund mit 87 berliner Pfunden

oder nahe genug

101 anspacher Pfund mit einem berliner Centner.

Diese letzte Angabe kommt mit der im Jahr 1795 in Anspach angestellten Untersuchung überein, nach welcher man einen berliner Centner auf der dortigen Stadtwage gewogen, und solchen 101 anspacher Pfund schwer gefunden hat.

Der anspacher Centner hält 100 anspacher Pfund.

Das nürnberger Apothekerpfund wird in 12 Unzen eingetheilt, deren 16 zwei Mark oder 1 Pfund Münzgewicht geben; daher enthält das nürnberger Münzpfund $9917\frac{1}{2}$ holländische Troyaß.

§. 90.

Da gegenwärtig unter allen bekannten Gewichten das französische Grammengewicht, welches sich auf das metrische System gründet, am genausten zu erhalten ist, so verdient dies vor allen übrigen den Vorzug. Auch eignet es sich deshalb ganz besonders zur Vergleichung aller fremden Gewichte mit einander. Um leicht mit Hülfe der bekannten Länge eines Meters das Grammengewicht zu bestimmen, und diese Bestimmung von der Eintheilung des Thermometers sowohl als von der Dichtigkeit der Luft unabhängig zu machen, setzte man fest, daß das Gewicht, des im tausendsten Theile eines Kubikmeters oder in einem Kubikdezimeter (Liter) enthaltenen dichtesten destillirten Wassers, im luftleeren Raume, ein Kilogramm oder tausend Gramme wiegen soll. Nach der genausten Abwiegung fand man, daß ein Kilogramm 2 Pfund 5 Gros 35,15 Gran oder 18827,15 Gran nach dem vollständigen Markgewicht der Pile de Charle magne zu Paris, welche 50 Mark enthält, wiege. Die größte Dichtigkeit des Wassers fand man nahe beim vierten Grade des hunderttheiligen oder bei $3\frac{1}{5}$ Grad des Reaumürschen Quecksilberthermometers.

Das Grammengewicht erhält eben die Abtheilungen wie der Meter. Vergleicht man solches mit dem Gewichte des dichtesten destillirten Wassers und mit dem par. Markgewichte, so entsteht folgende Zusammenstellung:

Grammengewicht.	Vom dichtesten destillirten Wasser wiegt	Pariser Markgewicht Gran.
100 Myriagramme	1 Kubikmeter	18827150
10 Myriagramme	100 Kubikdezimeter	1882715
1 Myriagramm	10 Kubikdezimeter	188271,5
1 Kilogramm	1 Kubikdezimeter	18827,15
1 Hectogramm	100 Kubikcentimeter	1882,715
1 Dekagramm	10 Kubikcentimeter	188,2715
1 Gramm	1 Kubikcentimeter	18,82715
1 Dezigramm	100 Kubikmillimeter	1,882715
1 Centigramm	10 Kubikmillimeter	0,188271
1 Milligramm	1 Kubikmillimeter	0,018827

Vor der Einführung des Meters definitiv war das Gewicht des provisorischen Gramms = 18,841 pariser Gran.

Das pariser Markgewicht (Poids de marc), welches auch unter dem Namen französisches Trongewicht bekannt ist, und durch die Einführung des Grammengewichts aus dem Gebrauche verdrängt wird, hat folgende Abtheilungen:

Pfund. Livre.	Mark. Marc.	Unze. Once.	Gros. Gros.	Denier. Denier.	Gran. Grain.
1	2	16	128	384	9216
	1	8	64	192	4608
		1	8	24	576
			1	3	72
				1	24

Zur bequemen Verwandlung dieser Gewichte aus einem in das andere, dienen die am Ende dieser Schrift befindlichen Vergleichungstafeln.

§. 91.

Die mancherlei, wenn gleich nicht sehr abweichende Angaben über die Größe der cölnischen Münzmark in verschiedenen Münzen Deutschlands machen es nothwendig, diejenigen Ausmittelungen zusammen zu stellen, welche sich auf die Größe des Muttergewichts in Cöln am Rhein beziehen. Zu den ältesten und vorzüglichsten Ausmittelungen gehört die von Eisenschmidt, (De ponder. p. 7.), nach welcher die cölnische Mark 4402 Gran des pariser Markgewichts wiegt. Später hat Tillet (Mémoires de l'acad. de Paris, Année 1767. p. 550.) eine eingesandte Kopie der cölnischen Mark gewogen, und für das Gewicht derselben 4403 pariser Gran gefunden. Die letzte Ausmittelung dieses

Markgewichts bewirkte die Kommission über Maaß und Gewicht im Ruhrdepartement am 16. Januar 1799. (Reductionstabellen u. s. w. S. 16.). Bei der Abwiegung fand man für das Gewicht der cölnischen Mark 233,69 provisorische Gramme, weil damals die Größe der definitiven Gramme noch nicht bekannt war. Nun verhält sich das Gewicht des provisorischen zum definitiven Gramm, wie 18,841 zu 18,82715 (§. 90.). Verwandelt man hienach die 233,69 provisorische Gramme in definitive, so erhält man 233,8619 solcher Grammen für das Gewicht einer cölnischen Mark. Nach der tilletschen Angabe findet man 233,8644 und nach Eisenschmidt 233,81128 Gramme. Hienach beträgt die größte Abweichung unter den vorzüglichsten Ausmittelungen nur einen pariser Gran oder etwa 53 Milligramm, und da die große Genauigkeit der Eisenschmidtschen Abwiegungen auch aus andern Gewichtsvergleichungen hervor geht, und überdies dieses Gewicht mit den Angaben §. 79. überein stimmt, so folgt hieraus für das wahre Gewicht der cölnischen Mark 233,8112778 Gramme, welches daher auch das Gewicht der berliner cölnischen Mark ist.

Die cölnische Mark wird gewöhnlich auf folgende Weise eingetheilt:

Mark.	Unze.	Loth.	Quent.	Engels.	Aß.	Richtpfennig.
1	8	16	64	152	4864	65536
	1	2	8	19	608	8192
		1	4	$9\frac{1}{2}$	304	4096
			1	$2\frac{3}{8}$	76	1024
				1	32	$431\frac{3}{19}$
					1	$13\frac{9}{19}$

§. 92.

Zur Ausmittelung des Gewichts der holländischer Mark Troygewicht von 5120 Aß, nach dem Grammen gewichte, dienen folgende Angaben welche sich auf unmittelbare Abwiegungen gründen.

Nach Eisenschmidt (De poderib. p. 16.), hat sich aus den in Cöln, in Gegenwart der Abgeordneten von den brabantischen Ständen angestellten Untersuchungen ergeben, daß sich die holländische Troyunze zur cölnischen wie 20 zu 19 verhält. Daher wiegt eine holländische Troymark $1\frac{1}{19}$ cölnische Mark oder (§. 91.) 4633,68 pariser Gran.

Nach den Abwiegungen von Kruse (Contor. 1. Th. S. 285.) sind 10180 holländische Aß mit 2 pariser Mark oder mit 9216 pariser Gran einerlei, daher hält hienach die holländische Troymark 4635,9 pariser Gran.

Nach einer, bei Gelegenheit dieser Untersuchung von Kruse gegebenen Nachricht (a. a. O.), hat der Eykmester-General zu Amsterdam Jacob *l'Admiral* das Gewicht einer aus Paris verschriebenen, und daselbst genau ajustirten pariser Mark 5094 holländische Aß gefunden. Dies giebt für das Gewicht der holländischen Troymark 4631,5 pariser Gran.

Die Abwiegungen von Tillet (a. a. O.) geben für die holländische Troymark 4629 pariser Gran.

Nach einer von dem verstorbenen Direktor Marggraff, in Gegenwart des noch lebenden Mechanikus Hr. Gniser, angestellten Abwiegung sehr genau gearbeiteter holländischer Troygewichte, deren Unterabtheilungen mit dem Ganzen auf der schärfsten Wage vollkommen übereinstimmten, fand derselbe für das Gewicht der holländischen Troyunze 8623,2, also für die Mark 68985,6 Richtpfennige = 4633,7 pariser Gran.

Auf dem Wiener Münzamte befinden sich zwei holländische Troygewichte von einer und von vier Mark, welche nach den Abwiegungen von Vega (Vorles. über die Mathem. 1. B. S. 203.) im Durchschnitt 57445 wiener Richtpfennige wiegen. Nun hält der wiener

Richtpfennig 4,28229 Milligramm (Vega, natürl. Maaß ꝛc. System 4. Taf.), also die holländische Troymark 245,996 Gramme oder 4631,4 pariser Gran.

Stellt man die hier gefundenen Resultate zusammen, so hält die holländische Troymark nach

Eisenschmidt	4633,68	pariser Gran
Kruse	4635,9	= =
l'Admiral	4631,8	= =
Tillet	4629,0	= =
Marggraff	4633,7	= =
Vega	4631,4	= =

und es weichen die Tilletschen Abwiegungen am meisten von der Mittelzahl aus allen Untersuchungen ab, obgleich der Unterschied auf die Unze noch nicht ein ganzes holländisches Aß beträgt. Da die Eisenschmidtsche Angabe nicht nur der Mittelzahl am nächsten kommt, sondern sich auch vorzüglich deshalb empfiehlt, weil das Gewicht der holländischen Unze in Gegenwart der brabanter Stände bestimmt worden, und mit der marggraffschen Angabe sehr genau übereinstimmt, so ist die Eisenschmidtsche Angabe mit der größten Wahrscheinlichkeit als richtig anzunehmen, wonach die holländische Troymark 4633,684 pariser Gran oder 246,117 Gramme oder $68985\frac{5}{19}$ Richtpfennige wiegt.

Hieraus folgt, daß die am Ende des vorhergehenden §. bemerkten cölnischen Asse, deren 4864 auf die cölnische Mark gehen, mit den holländischen Assen genau überein kommen. Denn

20 cölnische Unzen = 19 holländische Unzen, oder
1 cölnische Unze = $\frac{19}{20}$ = = oder

weil die cöln. Unze 608 cöln. Aß, und die holländ. Troyunze 604 holländ. Aß enthält so müssen auch

608 cöln. Aß = $\frac{19}{20}$.640 holländ. Aß seyn.
Aber $\frac{19}{20}$.600 = 608; daher
608 cöln. Aß = 608 holländ. Aß.

Die Eintheilung des holländischen Troy- oder Münzgewichts ist folgende:

Pfund.	Mark.	Unzen.	Engel.	Aß.
1	2	16	320	10240
	1	8	160	5120
		1	20	640
			1	32

12 Unzen Troygewicht geben ein Pfund Apoth. Gewicht.

§. 93.

Das Gewicht der englischen Troyunze von 480 Troygran, ist durch folgende Ausmittelungen bestimmt worden.

Eisenschmidt's Abwiegungen (a. a. O. S. 14.) geben auf die Unze englisch Troygew. $585\frac{1}{7}$ französische Gran.

Kruse (a. a. O. S. 230.) bestimmt die englische Troyunze auf 8720 cölnische Richtpfennige = 585,7153 pariser Gran.

Graham (Phil. Transact. No. 465.) hat für das Gewicht des französischen Pfundes 7560 englische Troygran gefunden; es ist daher die pariser Unze $472\frac{1}{2}$ dergleichen Gran. Weil aber dieselbe Unze 576 französische Gran wiegt, so findet man für das Gewicht der englischen Troyunze 585,1005 französische Gran, welches mit der Eisenschmidtschen Angabe sehr gut überein stimmt.

Tillet (a. a. O.) giebt für das englische Troypfund 7021 französische Gran, also für die Unze englisches Troygewicht 584,25 pariser Gran.

Durch Zusammenstellung der vorstehenden Bestimmungen, ergeben sich für das Gewicht der engl. Troyunze

nach Eisenschmidt	.	585,1428	pariser Gran
= Kruse	. . .	585,7153	= =
= Graham	. .	585,1005	= =
= Tillet	. . .	584,2500	= =

Da nach diesen Angaben die Tilletsche Bestimmung von der Kruseschen am meisten abweicht, die Eisenschmidtsche aber noch überdies mit der Grahamschen sehr gut übereinstimmt, so läßt sich auch hier die Eisenschmidtsche Abwiegung als die sicherste annehmen, wonach sich also die englische Unze Troygewicht mit $585\frac{1}{7}$ pariser Gran oder mit 31,079736 Grammen vergleicht.

Das englische Troy- oder Münzgewicht (Troy wheight) welches mit dem englischen Apothekergewichte überein kommt erhält folgende Eintheilung:

Pound.	Ounces.	Penny wheights.	Grains.
1	12	240	5760
	1	20	480
		1	24

Auch hält nach Graham (a. a. O.) das englische Pfund, Avoir du pois, 7004 englische Troygran. Das Pfund Königsgewicht hält $1\frac{1}{2}$ Pfund Avoir du pois.

§. 94.

Mit Hülfe der vorstehenden Ausmittelungen und der darauf gegründeten Vergleichungstafeln, welche sich am Ende dieser Schrift befinden, ergeben sich leicht folgende Bestimmungen:

Das Pfund berliner Münz- oder cöln. Markgewicht	131072 Richtpfennige, 467,62256 Gramme, 8804 pariser Gran, 9728 holländische Aß, 7222 engl. Troygran.
Das Pfund berliner Handelsgewicht	131328 Richtpfennige, 468,53588 Gramme, 8821 pariser Gran, 9747 holländ. Aß, 7236 engl. Troygran.

Das Pfund berliner Medizinalgewicht	100224 Richtpfennige, 357,56686 Gramme, 6732 pariser Gran, 7438 holländ. Aß, 5522 engl. Troygran.
Der Karat Juwelengewicht	$57\frac{5}{8}$ Richtpfennige, 0,205587 Gramme, $3\frac{27}{31}$ pariser Gran, $4\frac{5}{18}$ holländ. Aß. $3\frac{7}{40}$ engl. Troygran.

Unter einander vergleichen sich diese Gewichte beinahe:
513 Münzpfund mit 512 Handelspfunden,
13 Münzpfund mit 17 Apothekerpfunden,
29 Handelspfd. mit 38 Apothekerpfunden,

§. 95.

Vergleichung einiger Gewichte nach Grammen, berliner oder cölnischen Richtpfennigen, und nach Assen des holländischen Troygewichts.

Benennung.		Gramme.	Richtpf.	Aß.
Amsterdam, (§. 92.)				
	Münz- oder Troypfund	492,23427	137970	10240
	Handelspfund . .	494,15706	138509	10280
	Apothekerpfund . .	369,17570	103478	7680
Anspach, (§. 89.) .	Handelspfund	509,53938	142821	10600
Berlin, (§. 79-82. 94.)	Münzpfund	467,62256	131072	9728
	Handelspfund	468,53588	131328	9747
	Apothekerpfund	357,56686	100224	7438
Breslau, (§. 85.)	Handelspfund	405,22799	113583	8430
Cöln, (§. 91.)	Münz- u. Handelspfund	467,62256	131072	9728
Dänemark . .	Münzpfund (1)	469,44516	133154	9882
	Handelspfund (2)	499,38173	139974	10389
Danzig, (3)	preußische Silbermark	190,64464	53437	3966
	Handelspfund	434,79091	121864	9045
Emdem, (§. 88.)	Handelspfund	468,53588	131328	9747

Benennung.	Gramme.	Richtpf.	Aß.
England, (§. 93.)			
Troy-, Münz- od. Apoth. Pfund	372,95683	104538	7759
Pfund, Avoir du poids .	453,50515	122098	9062
Pfund, Königsgewicht . .	680,25772	183147	13593
Frankfurth a. M. (4) Silberpfund	467,88030	131144	9733
Handelspfund	505,31100	141636	10512
Frankreich, (§. 90.) Kilogramm	1000,00000	280294	20803
pariser Pfund, Poids de marc	489,50585	137206	10183
Hamburg, . . Münzpfund (1)	467,38354	131005	9723
Handelspfund (5)	484,54311	135815	10080
Krakau, (6) . . . Münzpfund	397,63940	111456	8272
Handelspfund	404,84670	113576	8423
Lithauen, (§. 86.) Handelspfund	374,82870	105062	7798
Mühlhausen, (§. 87.) Handelspfund	467,62256	131072	9728
München, (7) . . Münzpfund	468,19939	131234	9740
Handelspfund	561,55085	157400	11682
Nürnberg, (§. 89.) Münzpfund	476,73177	133625	9917½
Handelspfund	509,53938	142821	10600
Apothekerpfund	357,56686	100224	7438
Petersburg, (8) Münz- u. Handelspf.	409,16973	114688	8512
Schweden, (6) . Münzpfund .	421,27880	118082	8763
Viktualienpfund	425,12250	119159	8844
Bergwerksmark	375,82600	105342	7818
Apothekerpfund	356,31870	99874	7412
Spanien, (6) . . Münzpfund .	460,86980	129179	9587
Handelspfund	460,29310	129018	9576
Apothekerpfund	345,02760	96709	7178
Venedig, (6) . . . Münzmark	238,74700	66919	4966
großes Handelspf. (Libra grossa)	477,49400	133839	9933
Apothekerpfund (Peso grosso)	302,02530	84656	6283
Warschau, (§. 86.) Handelspfund	405,22799	113583	8430
Wien, (6) . . . Münzpfund	561,28800	157326	11677
Handelspfund	560,01200	156968	11650
Apothekerpfund	420,00900	117726	8737

(1) *Tillet*, Mém. de l'acad. de Paris. 1767.
(2) Bugge, Reise nach Paris. Kopenhag. 1810. S. 699.
(3) Hanov, Vers. u. Abh. d. naturf. Ges. in Danzig, 1. Theil, S. 104.
(4) Chelius, Vergl. ꝛc. S. 72. und 78.
(5) Kruse, Contor. 1. Theil, S. 418.
(6) Vega, Natürliches System ꝛc 7. Tafel.
(7) Beigel, Monatl. Correspond. v. Zach, Juni. 1800. S. 610.
(8) Hube, Landw. 2. Bd. S. 96.

§. 96.

Wird nicht die größte Genauigkeit erfordert, so vergleichen sich sehr nahe:

58	berl. Handelspfd.	mit	55	amsterdammer Handelspfd
=	=	=	=	breslauer Handelspfd
61	=	=	63	engl. Pfd. Avoir du poids
70	=	=	67	franz. Pfd. Poids de marc
29	=	=	30	hamburger Handelspfd
49	=	=	41	wiener Handelspfd.

49	Kilogramme	mit	99	amsterdammer Handelspfd
29	=	=	62	berliner Münzpfd
15	=	=	32	= Handelspfd
5	=	=	14	= Apothekerpfd
15	=	=	37	breslauer Handelspfd
29	=	=	62	cölnischen =
90	=	=	181	dänischen =
10	=	=	23	danziger =
29	=	=	64	engl. Pfd. Avoir du poids
23	=	=	47	pariser Pfd. Poids de marc
16	=	=	33	hamburger Handelspfd
27	=	=	53	nürnberger =
9	=	=	22	petersburger =
17	=	=	40	schwedischen Viktualien-Pfd
15	=	=	37	warschauer Handelspfd
14	=	=	25	wiener Handelspfd.

Anweisung wie, mittelst der angehängten Tafeln, verschiedene Maaße und Gewichte in einander zu verwandeln sind.

Die äußerst weitläuftigen Rechnungen, die, besonders wenn man sich nicht der Logarithmen bedient, erforderlich sind, um ein Maaß in das andere zu verwandeln, und die Fehler von welchen dergleichen ermüdende Rechnungen gewöhnlich begleitet werden, sind die Ursachen, weshalb die nachfolgenden Tafeln dieser Schrift beigefügt sind. Der Nutzen derselben leuchtet dann erst recht ein, wenn man ein Beispiel einmal auf die gewöhnliche Art und denn nach diesen Tafeln berechnet.

Einige Beispiele werden den Gebrauch derselben am besten darstellen.

1. Beispiel. Die oletzkoische Ruthe ist 13,28575 brandenburgische Werkfuß lang, wie viel sind dies pariser?

Auflösung. Man bediene sich der ersten Tafel mit der Aufschrift Längenmaaß, so giebt sich nachstehende Rechnung, deren Gründe man leicht einsieht, wenn nur ein für allemal beobachtet wird, daß unter jede der gegebenen Ziffern, die letzte Ziffer von den gesuchten ganzen Zahlen stehen muß.

13	28575
09	661806
2	898542
	193236
	77294
	4831
	676
	48
12	836433

Es sind daher 13,28575 brandenburger Werkfuß = 12,82643 pariser Fuß.

2. Beispiel. Die brandenburgische Quadratruthe von 144 Quadratfuß, wie viel enthält solche Quadrat-Meter?

Auflösung. Hiezu bediene man sich der ersten Tafel mit der Aufschrift: Flächenmaaß.

144	
009	8504046
03	9401618
0	3940162
14	1845826

Daher sind 144 □Fuß brandenburger = 14,184583 □Meter.

3. Beispiel. Der berlin. Scheffel hat 2758,952 pariser Kubikzoll an Inhalt, wie viel betragen diese nach brandenburgischen Kubikzollen.

Auflösung. In der ersten Tafel sind zwar die Zahlen nur nach Fußen berechnet, wenn man aber in dem einen Maaße Zolle, Linien oder Skrupel hat, und man will den Werth derselben in einem andern Maaße unter gleicher Benennung finden, so kann man sich eben derselben Zahlen, wie bei den Fußen, bedienen; nur ist zu merken, daß dieses nicht von den Metern gilt, weil diese eine andere Unterabtheilung haben. Rechnet man also nach der ersten Tafel mit der Aufschrift: Körpermaaß, so erhält die Rechnung folgende Gestalt:

2758	952
2217	4565
776	1098
55	4364
8	8698
	9979
	554
	22
3058	9280

Es sind daher 2758,952 par. Kubikzoll = 3058,928 brdb. Kubikzoll.

4. Beispiel. Der rheinländische Kubikfuß destillirtes Wasser wiegt bei einer Temperatur von 14 Grad des Reaumürschen Thermometers 66,02819 cölnische Pfund, wie viel betragen diese in berliner Handelsgewicht.

Auflösung. Mit Hülfe der zweiten Tafel findet man:

66	02819
59	883041
5	988304
	19961
	7984
	100
	90
65	899480 oder

66,02819 cöln. Pfunde = 65,89948 berlin. Pfunden.

5. Beispiel. Wenn der Inhalt des berliner Quarts 65,4146 brdb. Kubikzoll beträgt, wie viel wird das Gewicht des dichtesten destillirten Wassers betragen, welches dasselbe enthalten muß.

Auflösung. Rechnet man nach der fünften Tafel, so entsteht folgende Rechnung:

65	4146
73	31549
6	10962
	48877
	1222
	489
	73
79	93172

Es wiegen daher

65,4146 brandenburger Kubikzoll des dichtesten destillirten Wassers

79,9317 berliner Loth, oder

2 Pfund 15 Loth $3\frac{8}{11}$ Quentchen berliner Handelsgewicht.

6. Beispiel. Das berliner Pfund Handelsgewicht wiegt 467,62256 Gramme, wie viel sind dies englische Troygran.

Auflösung. Mit Hülfe der dritten Tafel findet man:

467	62256
6177	658584
926	648788
108	109025
9	266488
	308883
	30888
	7722
	927
7222	031305

Folglich hält das berliner Pfund Handelsgewicht 7222 englische Troygran.

I. Tafel.

Vergleichung des brandenburgischen Fußmaßes, mit dem neuen französischen Maaße.

I. Längenmaaß.		
Brdb. Werkfuß.	Pariser Fuß.	Meter.
1	0, 966180555	0, 313853543
2	1, 932361111	0, 627707086
3	2, 898541666	0, 941560628
4	3, 864722222	1, 255414171
5	4, 830902778	1, 569267714
6	5, 797083333	1, 883121257
7	6, 763263889	2, 196968800
8	7, 729444444	2, 510828342
9	8, 695625000	2, 824681885
Pariser Fuß.	Brandenb. Werkfuß.	Meter.
1	1, 035003234	0, 324839432
2	2, 070006469	0, 649678864
3	3, 105009703	0, 974518296
4	4, 140012938	1, 299357727
5	5, 175016172	1, 624197159
6	6, 210019406	1, 949036591
7	7, 245022641	2, 273876023
8	8, 280025875	2, 598715455
9	9, 315029109	2, 923554887
Meter.	Brandenb. Werkfuß.	Pariser Fuß.
1	3, 186199497	3, 078444
2	6, 372398994	6, 156888
3	9, 558598491	9, 235332
4	12, 744797987	12, 313776
5	15, 930997484	15, 392220
6	19, 117196981	18, 470664
7	22, 303396478	21, 549108
8	25, 489595975	24, 627552
9	28, 675795472	27, 705996

Fortsetzung.

II. Flächenmaaß.

Brdb. □ Werkfuß.	Pariser □ Fuß.	□ Meter.
1	0, 933504866	0, 098504046
2	1, 867009732	0, 197008093
3	2, 800514598	0, 295512139
4	3, 734019463	0, 394016185
5	4, 667524330	0, 492520232
6	5, 601029196	0, 591024278
7	6, 534534062	0, 689728324
8	7, 468038927	0, 788032370
9	8. 401343793	0, 886536417
Pariser □ Fuß.	**Brdb. □ Werkfuß.**	**□ Meter.**
1	1, 071231695	0, 105520656
2	2, 142463390	0, 211041313
3	3, 213695086	0 316561969
4	4, 284926781	0, 422082626
5	5, 356158476	0, 527603282
6	6, 427390171	0, 633123939
7	7, 498621866	0, 738644595
8	8, 569853562	0, 844165252
9	9, 641085257	0, 949685908
□ Meter.	**Brdb. □ Werkfuß.**	**Pariser □ Fuß.**
1	10, 151876234	9, 476817461
2	20, 303734468	18, 953634922
3	30, 455601702	28, 430452383
4	40, 607468935	37, 907269845
5	50, 759336169	47, 384087306
6	60, 911203403	56, 860904767
7	71, 063070637	66, 337722228
8	81, 214937871	75, 814539689
9	91, 366805105	85, 291357150

Fortsetzung.

III. Körpermaaß.

Brdb. Kubikfuß.	Pariser Kubikfuß.	Kubikmeter.
1	0, 901934250	0, 030915844
2	1, 803868500	0, 061831688
3	2, 705802750	0, 092247532
4	3, 607737000	0, 123663376
5	4, 509671250	0, 154579220
6	5, 411605500	0, 185495063
7	6, 313539750	0, 216410907
8	7, 215474000	0, 247326751
9	8, 117408250	0, 278242595
Pariser Kubikfuß.	**Brandenb. Kubikfuß.**	**Kubikmeter.**
1	1, 108728269	0, 034277470
2	2, 217456539	0, 068554540
3	3, 326184808	0, 102831810
4	4, 434913077	0, 137109080
5	5, 543641346	0, 171386351
6	6, 652369616	0, 205663621
7	7, 761097885	0, 239940891
8	8, 869826154	0, 274218161
9	9, 978554424	0, 308495431
Kubikmeter.	**Brandenb. Kubikfuß.**	**Pariser Kubikfuß.**
1	32, 345874273	29, 173851852
2	64, 691748546	58, 347703705
3	97, 037622818	87, 521555557
4	129, 383497091	116, 695407409
5	161, 729371364	145, 869259262
6	194, 075245637	175, 043111114
7	226, 421119909	204, 216962966
8	258, 766994182	233, 390814819
9	291, 112868455	262, 564666671

II. Tafel.

Vergleichung der berliner, cölnischen und Medicinalpfunde mit dem alten und neuen franz. Gewichte.

Berl. Pfunde.	Cöln. Pfunde.	Mediz. Pfunde.	Par. Pfunde.
1	1, 0019531	1, 3103448	0, 9571593
2	2, 0039062	2, 6206897	1, 9143186
3	3, 0058594	3, 9310345	2, 8714779
4	4, 0078125	5, 2413793	3, 8286372
5	5, 0097656	6, 5517241	4, 7857965
6	6, 0117187	7, 8620690	5, 7429558
7	7, 0136719	9, 1724138	6, 7001152
8	8, 0156250	10, 4827586	7, 6572745
9	9, 0175781	11, 7931034	8, 6144338
Cöln. Pfunde.	**Berlin. Pfunde.**	**Mediz. Pfunde.**	**Par. Pfunde.**
1	0, 9980506	1, 3077905	0, 9552935
2	1, 9961014	2, 6155811	1, 9105870
3	2, 9941520	3, 9233716	2, 8658805
4	3, 9922027	5, 2311622	3, 8211740
5	4, 9902534	6, 5389527	4, 7764675
6	5, 9883041	7, 8467433	5, 7317610
7	6, 9863548	9, 1545338	6, 6870545
8	7, 9844055	10, 4623244	7, 6423480
9	8, 9824561	11, 7701149	8, 5976415
Mediz. Pfunde	**Berlin. Pfunde.**	**Cöln. Pfunde.**	**Par. Pfunde.**
1	0, 7631579	0, 7646408	0, 7304637
2	1, 5263158	1, 5292816	1, 4609274
3	2, 2894737	2, 2939224	2, 1913910
4	3, 0526316	3, 0585632	2, 9218547
5	3, 8157895	3, 8232040	3, 6523184
6	4, 5789474	4, 5878448	4, 3827821
7	5, 3421053	5, 3524857	5, 1132458
8	6, 1052632	6, 1171265	5, 8437095
9	6, 8684210	6, 8817673	6, 5741731

Fortsetzung.

Par. Pfund.	Berl. Pfunde.	Cöln. Pfunde.	Mediz. Pfunde.
1	1, 0447582	1, 0467987	1, 3690374
2	2, 0895163	2, 0935974	2, 7380746
3	3, 1342744	3, 1403961	4, 1071121
4	4, 1790326	4, 1871948	5, 4761494
5	5, 2237908	5, 2339935	6, 8451868
6	6, 2685490	6, 2807922	8, 2142242
7	7, 3133071	7, 3275909	9, 5832615
8	8, 3580653	8, 3743896	10, 9522989
9	9, 4028235	9, 4211883	12, 3213363

Berl. Pfd.	Gramme.	Cöln. Pfd.	Gramme.
1	468, 5358810	1	467, 6225557
2	937, 0717620	2	935, 2451114
3	1405, 6076429	3	1402, 8676671
4	1874, 1435239	4	1870, 4902228
5	2342, 6794049	5	2338, 1127785
6	2811, 2152859	6	2805, 7353342
7	3279, 7511669	7	3273, 3578899
8	3748, 2870478	8	3740, 9804456
9	4216, 8229288	9	4208, 6030012

Kilogramm.	Berliner Pfunde.	Kilogramm.	Cöln. Pfunde.
1	2, 134308258	1	2, 138476828
2	4, 268616516	2	4, 276953656
3	6, 402924774	3	6, 415430484
4	8, 537233032	4	8, 553907312
5	10, 671541289	5	10, 692384140
6	12, 805849547	6	12, 830860968
7	14, 940157805	7	14, 969337796
8	17, 074466063	8	17, 107814624
9	19, 208774321	9	19, 246291452

III. Tafel.

Vergleichung der Grammen, par. Grane, Richtpfennige, holländ. Asse und engl. Troygrane unter einander.

Gramme.	Pariser Gran.	Par. Gran.	Gramme.
1	18, 82715	1	0, 053114784
2	37, 65430	2	0, 106229567
3	56, 48145	3	0, 1[illegible]9344351
4	75, 30860	4	0, 212459135
5	94, 13575	5	0, 26[illegible]57[illegible]913
6	112, 96290	6	0, 31[illegible]6887[illegible]2
7	131, 79005	7	0, 37[illegible]456
8	150, 61720	8	0, 424918270
9	169, 44435	9	0, 4780330[illegible]3
Gramme.	Richtpfennige.	Richtpfenn.	Gramme.
1	280, 294434893	1	0, 067169189
2	560, 58869786	2	0, 134338379
3	840, 883304680	3	0, 201[illegible]07[illegible]68
4	1121, 177739573	4	0, 268676758
5	1401, 472172466	5	0, 335845947
6	1681, 766609359	6	0, 403015137
7	1962, 061044253	7	0, 470184326
8	2242, 355479146	8	0, 537353516
9	2522, 649914039	9	0, 604522705
Par. Gran.	Richtpfennige.	Richtpfenn.	Pariser Gran.
1	14, 887778283	1	0, 067169189
2	29, 775556565	2	0, 134338379
3	44, 663334848	3	0, 201507568
4	59, 551113130	4	0, 268676758
5	74, 438891413	5	0, 335845947
6	89, 326669696	6	0, 403015137
7	104, 214447978	7	0, 470184326
8	119, 102226261	8	0, 537353516
9	133, 990004543	9	0, 604522705

Fortsetzung.

Gramme.	Holländische Aß.	Holl. Aß.	Gramme.
1	20, 803102590	1	0, 048069753
2	41, 606205179	2	0, 096139505
3	62, 409307769	3	0, 144209258
4	83, 212410359	4	0, 192279011
5	104, 015512949	5	0, 240348763
6	124, 818615538	6	0, 288418516
7	145, 621718128	7	0, 336488269
8	166, 424820718	8	0, 384558021
9	187, 227923307	9	0, 432627774

Richtpfenn.	Holländische Aß.	Holl. Aß.	Richtpfennige.
1	0, 074218750	1	13, 473684211
2	0, 148437500	2	26, 947368421
3	0, 222656250	3	40, 421052632
4	0, 296875000	4	53, 894736842
5	0, 371093750	5	67, 368421053
6	0, 445312500	6	80, 842105263
7	0, 519531250	7	94, 315789474
8	0, 593750000	8	107, 789473684
9	0, 667968750	9	121, 263157895

Gramme.	Engl. Troygran.	Engl. Gran.	Gramme.
1	15, 444146460	1	0, 064749451
2	30, 888292920	2	0, 129498901
3	46, 332439380	3	0, 194248352
4	61, 776585840	4	0, 258997802
5	77, 220732300	5	0, 323747253
6	92, 664878760	6	0, 388496704
7	108, 109025220	7	0, 453246154
8	123, 553171680	8	0, 517995605
9	138, 997318140	9	0, 582745055

IV. Tafel.

Gewicht des destillirten Wassers im luftleeren Raume, bei verschiedenen Temperaturen des Reaumürschen Quecksilberthermometers.

Reaum. Grade.	Ein brandenb. Kubikfuß wiegt:		Eigenthümliches Gewicht des Wassers (nach Gilzin).
	Berliner Pfund.	Cölnische Pfund.	
0	65, 97602287	66, 10488228	0, 99988
1	65, 98064174	66, 10951018	0, 99995
2	65, 98262126	66, 11149356	0, 99998
$3\frac{1}{2}$	65, 98394094	66, 11281582	1, 00000
4	65, 98328110	66, 11215469	0, 99999
6	65, 97734255	66, 10620454	0, 99990
8	65, 96678512	66, 09562649	0, 99974
10	65, 94896945	66, 07777602	0, 99947
12	65, 92719475	66, 05595879	0, 99914
14	65, 89948150	66, 02819141	0, 99872
16	65, 86714936	65, 99579613	0, 99823
18	65, 83085820	65, 95943408	0, 99768
20	65, 79126783	65, 91976640	0, 99708

V. Tafel.

Gewicht des dichtesten destillirten Wassers im luftleeren Raume.

Brand. Kubikfuß.	Berlin. Pfund.	Cöln. Pfund.	Gramme.
1	65, 98394094	66, 11281582	30915, 84390
2	131, 96788188	132, 22563164	61831, 68780
3	197, 95182282	198, 33844745	92747, 53171
4	263, 93576376	264, 45126327	123663, 37561
5	329, 91970470	330, 56407909	154579, 21951
6	395, 90364564	396, 67689491	185495, 06341
7	461, 88758658	462, 78971072	216410, 90731
8	527, 87152752	528, 90252654	247326, 75122
9	593, 85546846	595, 01534236	278242, 59512

Brand. Kubikzoll.	Berliner Loth.	Cölnische Loth.	Gramme.
1	1, 22192483	1, 22431140	17, 89111337
2	2, 44384966	2, 44862281	35, 78222674
3	3, 66577450	3, 67293421	53, 67334011
4	4, 88769933	4, 89724562	71, 56445348
5	6, 10962416	6, 12155702	89, 45556685
6	7, 33154899	7, 34586842	107, 34668022
7	8, 55347383	8, 57017983	125, 23779358
8	9, 77539866	9, 79449123	143, 12890695
9	10, 99732349	11, 01880264	161, 02002032

VI. Tafel.

Gewicht des destillirten Wassers im luftleeren Raume, bei einer Temperatur von 14 Grad des Reaumür-schen Quecksilberthermometers.

Brand. Kubikfuß.	Berlin. Pfund.	Cöln. Pfund.	Gramme.
1	65, 89948150	66, 02819141	30876, 27162
2	131, 79896299	132, 05638282	61752, 54324
3	197, 69844149	198, 08457424	92628, 81487
4	263, 59792598	264, 11276565	123505, 08649
5	329, 49740748	330, 14095706	154381, 35811
6	395, 39688897	396, 16914847	185257, 62973
7	461, 29637047	462, 19733989	216133, 90135
8	527, 19585197	528, 22553130	247010, 17297
9	593, 09533346	594, 25372271	277886, 44460

Brand. Kubikzoll.	Berl. Loth.	Cöln. Loth.	Gramme.
1	1, 22036077	1, 22270725	17, 86821274
2	2, 44072154	2, 44541450	35, 73642549
3	3, 66108231	3, 66812175	53, 60463823
4	4, 88144307	4, 89082899	71, 47285098
5	6, 10180384	6, 11353624	89, 34106372
6	7, 32216461	7, 33624349	107, 20927646
7	8, 54252538	8, 55895074	125, 07748921
8	9, 76288615	9, 78165799	142, 94570195
9	10, 98324692	11, 00436524	160, 81391470

VII.

VII. Tafel,

welche die Vielfache von dem berl. Hohlmaaße enthält.

Berl. Scheffel.	Brandenb. Kubikzoll.	Pariser Kubikzoll.
1	3058, 9271	2758, 9511
2	6117, 8543	5517, 9022
3	9176, 7814	8276, 8533
4	12235, 7085	11035, 8044
5	15294, 6357	13794, 7555
6	18353, 5628	16553, 7066
7	21412, 4900	19312, 6577
8	24471, 4172	22071, 6088
9	27530, 3443	24830, 5599
Berl. Metzen.	**Brandenb. Kubikzoll.**	**Pariser Kubikzoll.**
1	191, 1829	172, 4344
2	382, 3659	344, 8689
3	573, 5488	517, 3033
4	764, 7318	689, 7378
5	955, 9147	862, 1722
6	1147, 0977	1034, 6067
7	1338, 2806	1207, 0411
8	1529, 4636	1379, 4756
9	1720, 6465	1551, 9100
Berlin. Quarte.	**Brandenb. Kubikzoll.**	**Pariser Kubikzoll.**
1	65, 4146	58, 9997
2	130, 8293	117, 9994
3	196, 2439	176, 9991
4	261, 6585	235, 9988
5	327, 0732	294, 9985
6	392, 4878	353, 9982
7	457, 9024	412, 9979
8	523, 3171	471, 9976
9	588, 7317	530, 9973

Verzeichniß
der abgekürzt angeführten Schriften.

Anciens Mémoires de l'académie de Paris. Tome IV.
Mésures prises sur les originaux et comparées avec le pied du Châtelet de Paris, par Monsieur *Auzoult*.

Mémoires de l'académie de Paris. Année 1702.
Comparaison des mésures itineraires anciennes avec les modernes, par Monsieur *Cassini*.

Der Königl. Schwedischen Akademie der Wissenschaften Abhandlungen aus der Naturlehre, Haushaltungskunst und Mechanik, auf die Jahre 1739 und 1740. Aus dem Schwedischen übersetzt. Erster Band. Hamburg, 1749. 8.
Professor Andreä Celsii Vergleichung zwischen dem Schwedischen und der davon unterschiedenen ausländischen Maaße. S. 255 — 257.

Zuverläßige Vergleichung sämmtlicher Maaße und Gewichte der Handelsstadt Frankfurth am Main, so wohl gegen einander selbst, als auch gegen die französischen und viele andere auswärtigen, deren Inhalt als zuverläßig bekannt ist. Von G. K. Chelius, Rechenschreiber allhier. Zweite, ganz umgearbeitete und sehr vermehrte Auflage. Frankfurth am Main, 1808. 8. (176. S.)

C. von Clausbergs demonstrative Rechenkunst, oder Wissenschaft, gründlich und kurz zu rechnen. Worinnen so wohl gemeine als andere kaufmännische Rechnungsarten, Proben und Wechsel-Arbitragen auf besondere kurze Manier gründlich gelehrt werden, und eine Beschreibung Europäischer Münzen, Wechselarten und Usanzen, eine Vergleichung der Gewichte und Ellenmaaße, die wahre Berechnung des Interusurii, eine neue logarithmische Tabelle, auch mehr andere mathematische und curiöse Rechnungen beigefügt sind. In dieser vierten Auflage ist die Beschreibung der Europäischen Münzen und Wechselarten bis auf gegenwärtige Zeit fortgesetzt. Leipzig, 1772. 8. (4 Theile) (1520. S.)
(Von der Europäischen Gewichts- und Ellen-Vergleichung. S. 1145 u. f. im dritten Theil.)

Mémoires de l'académie de Paris. Année 1757.
Extrait d'un Journal de voyage en Italie, par Monsieur de la *Condamine*.

Dictionnaire d'architecture, ou explication de tous les termes, dont on se sert dans l'Architecture, les Mathématiques, la Geométrie, la Mécanique, l'Hydraulique, le Dessein, la Peinture, la Sculpture, les Mesures, les Instrumens, la Coutume

etc. Par A. C. *Daviler*, Architecte du Roi. Tome second. à Paris, 1693. 4. (259. Seite.)
(Art. Pied, Seite 186. u. f.)

Jo. Casp. *Eisenschmidii* de ponderibus et mensuris veterum Romanorum, Graecorum, Hebraeorum; nec non de valore pecuniae veteris disquisitio. Accesserunt hac editione tabulae Scioppii nummariae et ex variis auctoribus de pecunia Romanorum excerpta. Editio altera, auctior. Argentorati, Anno 1737. 8. (219 S. 2. Kpf.)

Allgemeiner Contorist, oder neueste und gegenwärtiger Zeiten gewöhnliche Münz-, Maaß- und Gewichtsverfassung aller Länder und Handelsstädte. Erster Theil, welcher die Münz-, Maaß- und Gewichtskunde, Wechselarten, Uso, Respecttage, öffentliche Banken, Messen, und andere zur Handlung gehörige Anstalten von ganz Europa enthält. Nach den neuesten und zuverläßigsten Nachrichten bearbeitet von M. R. B. Gerhardt, Königl. Preuß. Haupt-Banko-Buchhalter. Berlin, 1791. 4. (420. S.)

— — Zweiter Theil: enthält: I. Die Münz-, Maaß- und Gewichtskunde, nebst vielen andern beim Handel vorkommenden Dingen der außerhalb Europa gelegenen Länder und Handelsorte. II. Vollständige Münz-, Maaß- und Gewichts-Vergleichungstafeln. Berlin, 1792. 4. (324. S.)

Philosophical Transactions Vol. XLII. for the Yeares 1742 and 1743. London 1744. (4.) No. 465.
V. (G. Graham) An Account of de proportions of the Englisch and French Measures and Weights, from the Standards of the same, kept at the Royal Society p. 185.

Metrologische Tafeln über die alten Maaße, Gewichte und Münzen Roms und Griechenlands, nebst dem Verhältnisse derselben gegen bekannte französische und deutsche, zur Erklärung alter Schriftsteller nach Herrn Rome de l'Isle von G. Große, mit einigen Berichtigungen vom Herrn Hofrath Kästner. Braunschweig, 1792. 8. (364. S.)

Versuche und Abhandlungen der naturforschenden Gesellschaft in Danzig. Erster Theil. Danzig, 1747. 4.
III. Vergleichung der danziger Maaße und Gewichte, mit denen, die zu Paris und London von den Gesellschaften der Wissenschaften gebraucht werden, verfaßt von M. M. C. Hanov, Professor und Bibliothekar in Danzig. S. 90 — 106.

Mémoires de l'académie de Paris. Année 1746.
Sur l'étalon de l'aune, par Messieurs *Hellot* et *Camus*.

Der Landwirth von Michael Hube, Königl. Polnischem Hofsekretär. Warschau und Dresden.
(Erster Band, Vier Stücke) 1779. 8. (560. S.)
(Zweiter Band, Vier Stücke) 1781. 8. (573. S.)
(Abhandlung von den Europäischen Gewichten, im ersten Bande, 1. St. S. 63. u. f. Fortsetzung, 2. St. S. 207. 3. St. S. 317. 4. St. S. 517. und im 2. B. 1. St. S. 71. Das zweite Stück des zweiten Bandes: I. Von den Feldmaaßen S. 131. II. Von den Hohlmaaßen S. 179. III. Von den Getreidemaaßen S. 221. u. f.)

Franz Huberti, Vergleichung der Hochfürstlich-Würzburgschen und mehrern andern herrischen Fruchtmaaße gegen das Würzburgische Stadtmaaß. Würzburg, 1777. 4. A — Q.

Jürgen Elert Krusens, verordneten Schulhalters zu St. Nicolai in Hamburg, allgemeiner und besonders hamburgischer Contorist, welcher von den Währungen, Münzen, Gewichten, Maaßen, Wechselarten und Usanzen der vornehmsten in und außer Europa gelegenen Städte und Länder, nicht nur eine umständliche Nachricht ertheilet; sondern auch solche beschriebene Münzsorten, Gewichte, und Maaßen, zuvörderst gegen die, so zu Hamburg, hienächst aber, in angegebenen Tabellen, auch gegen die, so an andern Orten gebräuchlich sind, genau vergleichet. Der dritten, oder zum zweitenmale verbesserten und ansehnlich vermehrten neuen Auflage erster Theil. Hamburg, 1766. 4. 472. S.

Astronomie par Jérôme le Français (*la Lande*). Troisième édition. Tome III. à Paris, 1792. 4.

(Table des principales Mésures de l'Europe, anciennes et modernes etc. S. 12.)

Bericht van de Maaten en Gewichten te Amsterdam in Gebruik; hunnen Oorsprong en Inhoud. Zo als hetzelve in dat Departement is ingeleverd door Evert *de Marre*, Lid van de Oeconomischen Tak. Volgens Resolutien van de Algemeene Vergadering des Oeconomischen Taks, van de Hollandsche Maatschappye der Weetenschappen te Haarlem. Den 28. September 1779, en 13. Juny 1781, en nu volgens Resolutie van dezelve Vergadering, gehouden op den 2. Juny 1784 en volgende dagen te Haarlem: in druk uitgegeeven. Te Haarlem, by J. van Walré. 8. (40. S.)

Der Hausvater. (von v. Münchhausen). Erster Theil. Mit Kupfern. Dritte Auflag. Hannover, 1771. 8. (668. Seiten.) Drei Kupfer. (drei Stücke).

(Bestimmung der vornehmsten Europäischen Maaße und Gewichte und deren Vergleichung mit dem Kalenbergischen Maaße und Gewichte. 3. Stück. S. 519. u. f.)

Nelkenbrechers Taschenbuch der Münz-, Maaß- und Gewichtskunde für Kaufleute. Siebente Auflage, durchaus umgearbeitet und um vieles vermehrt und verbessert durch M. R. B. Gerhardt senior. Berlin, 1793. 8. (290. S.)

Métrologie, ou Traité des mésures, poids et monnoies des anciens Peuples et des Modernes. (Par Alexis Jean Pierre *Paucton*) à Paris, 1780. 4. (955. S.)

Reductionstabellen der Neuenthaler und Brabänder Kronen in Francs und Centimen, wie auch der ehemaligen Maaße und Gewichte des Ruhrdepartements in Meter, Aren, Liter und Gramme. Dritte vermehrte Auflage. Cöln, im 10. Jahre der Republik. (1802.) 8. (118. S.)

Oekonomische Nachrichten der patriotischen Gesellschaft in Schlesien. Sechster Band auf das Jahr 1778. Breslau. 4.

Von der wahren Größe des breslauischen Maaßes und dessen Vergleichung mit dem Sächsischen, vom Herrn Professor Scheibel. S. 369 — 374.

Johann Carl Schulze, wirklichen Mitgliedes der Königl. Preuß. Akademie der Wissenschaften, neue und erweiterte Sammlung logarithmischer, trigonometrischer und anderer zum Gebrauch der Mathematik unentbehrlicher Tafeln. II. Band. Berlin, 1778. 8. (319. S.)

Vergleichung jeder Mark oder Pfund des Gold- Silber- und Münzgewichtes verschiedener Oerter, nach Asen, holländischen Troygewichts. S. 315.

Vergleichung des Handelsgewichts vieler Oerter, nach Asen, holländischen Troygewichts. S. 315 — 317.

Vergleichung der Fußmaaße verschiedener Oerter mit dem königlichen Pariser Fuß. S. 317. u. 318.

Schriften der berliner Gesellschaft naturforschender Freunde. Vierter Band. Mit Kupfern. Berlin, 1783. 8.

Bestimmung der wahren Schwere eines rheinländischen Kubikfußes Wasser, wie auch der Größe des berliner Kannenmaaßes, von J. E. Silberschlag. S. 29 — 41.

Gegründete Nachricht von denen in dem Königreich Preußen befindlichen Länge- und Feld-Maaßen, derselben Ursprunge, Veränderung und jetzigem Gebrauch; imgleichen von ihren Verhältnissen gegen einander in Ruthen, Schuen und Zollen. Wobey zugleich angewiesen wird, wie man nach diesen Verhältnissen die Flächen in Huben, Morgen und Quadratruthen berechnen, und eins ins andere reduciren solle. Aus authentiquen Documenten und Originalien mit allem Fleiße und nur möglichen Accuratesse herausgesucht, berechnet und zusammen getragen von Johann Wladislaus v. Suchodoletz, ehemaligem Königl. Preuß. Ober-Teich-Inspektor. Königsberg, 1772. 4. (72. S.)

Mémoires de l'académie de Paris. Année 1767.

Essai sur le rapport des poids étrangers, avec le marc de France, par *Tillet*. p. 350.

Bericht der Festsetzung der Grundeinheiten des von der fränkischen Republik angenommenen Metrischen Systems, von dem Abgeordneten der helvetischen Republik, (Herrn Professor Tralles). Bern, 1801. 8. (48. S.)

Mit dem Umschlagtitel: Ueber Maaße und Gewichte. Erstes Stück.

Georg Vega's, Ritters des militärischen Marie-Theresie-Ordens, Majors und Professors ꝛc. logarithmisch-trigonometrische Tafeln nebst andern zum Gebrauch der Mathematik eingerichteten Tafeln und Formeln. II. Band, zweite, verbesserte, vermehrte und gänzlich umgearbeitete Auflage. Leipzig, 1797. 8. (371. S.)

Tafel zur Vergleichung der Längenmaaße verschiedener Oerter mit dem pariser Fuß. S. 345 — 348.

Tafel, zur Vergleichung der Meilen. S. 349.

Tafel, zur Vergleichung der Land- oder Flächenmaaße verschiedener Oerter nach Pariser Quadratfuß. Seite 349 — 351.

Tafel, zur Vergleichung der Hohlmaaße zu trocknen und flüssigen Waaren verschiedener Oerter, nach Pariser Kubikzollen. S. 351 — 355.

Tafel, zur Vergleichung der Gewichte verschiedener Oerter, nach Asen des holländischen Troygewichts, und Granen des Wiener Apotheker-Pfundes. S. 355 — 358.

Georg Vega Vorlesungen über die Mathematik. Erster Band, die Rechenkunst und Algebra enthaltend. Zweite Auflage. Neu bearbeitet von Konrad Gernrath. Wien, 1793. 8. 536. S.

Vergleichung einiger Gewichte nach Richtpfennigen und Asen. S. 202 — 217.

Zuverläßige Vergleichung einiger Fußmaaße und Ellen mit dem Königl. Pariser Fuß. S. 217 — 219.

Georg von Vega, Natürliches, aus der wirklichen Größe unserer Erdkugel abgeleitetes, in ganz Frankreich und in einigen angränzenden Ländern zum allgemeinen Gebrauche gesetzmäßig eingeführtes Maaß-, Gewichts- und Münzsystem, mit einer gemein verständlichen Darstellung, der in den K. K. Erbstaaten gebräuchlichen Maaß- und Gewichtsverfassung; wie auch wechselweise Vergleichung sowohl der inländischen Maaße und Gewichte, als auch verschiedener ausländischer mit dem natürlichen. Nach dessen Tode herausgegeben von A. Kreil. Wien 1783. 4. (6½ B.)

Deo juvante, de Mensuris Regni Borussiae hodiernis, Amplissimae Facultatis Philosophicae consensu, Praeside Christophoro *Langhansen*, Mathem. P. P. Extraord. Publice disseret Henricus Christophorus *Wilhelm*, Reg. Boruss. Die 27 July, Anno 1717. Regiomonti. 4. (24. S.)

Druckfehler.

Seite 32. Zeile 1. v. u. statt 2064,3463 brandenb. Ruthen lese man 20643,463 brandenb. Werkfuß.
— 54. — 11. v. u. statt Gilzinschen l. m. Gilpinschen.
— 55. — 22. v. o. statt converen l. m. convexen.
— 67. — 11. v. u. statt §. 70. l. m. §. 64.
— 142. — 7. v. o. statt Gilzin l. m. Gilpin.
— 146. — 20. v. o. statt Rechenschreiber l. m. Rechenei-schreiber.

www.ingramcontent.com/pod-product-compliance
Lightning Source LLC
LaVergne TN
LVHW092106300926
849161LV00002B/53